青少年 科普知识 读本

打开知识的大门，进入这多姿多彩的展……

化石：
生命演化的传奇

瑞 烨◎编著

河北出版传媒集团
河北科学技术出版社

图书在版编目(CIP)数据

化石：生命演化的传奇 / 瑞烨编著. --石家庄：河北科学技术出版社，2013.5(2021.2 重印)

ISBN 978-7-5375-5864-8

Ⅰ.①化… Ⅱ.①瑞… Ⅲ.①化石-青年读物②化石-少年读物 Ⅳ.①Q911.2-49

中国版本图书馆 CIP 数据核字(2013)第 095496 号

化石：生命演化的传奇

huashi shengming yanhua de chuanqi

瑞烨　编著

出版发行	河北出版传媒集团
	河北科学技术出版社
地　址	石家庄市友谊北大街 330 号(邮编：050061)
印　刷	北京一鑫印务有限责任公司
经　销	新华书店
开　本	710×1000　1/16
印　张	13
字　数	160 千字
版　次	2013 年 5 月第 1 版
	2021 年 2 月第 3 次印刷
定　价	32.00 元

前言

Foreword

　　生命是我们这个世界上最伟大、最神奇、最美丽的自然现象，今天地球上生活着几百万种动植物和微生物，构成了多姿多彩的生命世界。但是，过去的40亿年来，生命又是如何产生，并不断演化、繁衍，才形成今天千姿百态、种属繁多的生物界呢？人类无法亲眼见到。

　　随着地球的演变，新的物种不断地涌现出来，但同时也会有许多物种淡出历史舞台。然而，在我们的脚底下，掩埋了一种神秘的东西，它历经上万年而形成。其形态多种多样，也许是一片树叶、一粒种子、一颗牙齿甚至是一个脚印，这就是化石——生命的记

Foreword

前言

录者。那些远去的物种如今封印入石,在地壳中随着岩石翻来覆去,有一小部分得以露出地表,与世人见面。而科学家通过对这些化石的研究,看出了生物进化留下的痕迹,并通过化石见证了地球上生物进化的历程。可以说,化石真真切切地在历史长河中留下了深深的印记,并向我们展示了史前动植物的生活方式和当时的自然环境。化石见证了地球和地球上生命的发展历程。

本书介绍了地球上已经发现的大部分物种化石,包括植物化石、动物化石等,通过用化石和复原图,使青少年读者对地球生命的发展、演变有一个清晰、完整的了解。

今天,就让我们一起揭开这尘封于化石后的秘密,共享这曼妙发现之旅中的种种乐趣,享受一道古生物佳肴吧。

远古足迹——初识化石

探根寻底——什么是化石 ……………………………… 2
地球生命来源及其演变过程 ……………………………… 14
走马观花——化石纵览 ……………………………… 20
化石就在我们身边 ……………………………… 26
化石是如何形成的 ……………………………… 30

古代奇葩——植物化石

永远的烙印——植物化石概述 ……………………………… 36
细说远古植物 ……………………………… 42
有节植物及化石 ……………………………… 56
羽叶植物及化石 ……………………………… 59
鲜为人知的植物化石 ……………………………… 72

目录

丰富多彩——动物化石

爬行动物化石 ················ 84
哺乳动物化石 ················ 92
王者印记——恐龙化石 ············ 94
你所不知道的爬行动物化石 ········· 97
你所不知道的哺乳动物化石 ········· 116

沧海拾珠——鱼类、两栖类化石

水中记忆——鱼类化石概述 ········· 136
你所不知道的鱼类化石 ··········· 139
两栖动物化石概述 ············· 163
你所不知道的两栖类化石 ·········· 165

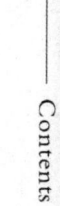

琳琅满目——化石大观园

众说纷纭——化石杂谈 …………………………… 170
中华瑰宝——中国著名的化石产地 …………… 179
震惊世界的伟大发现 …………………………… 196

远古足迹——初识化石

化石：生命演化的传奇

化石：生命演化的传奇

探根寻底——什么是化石

化石——生命的足迹

地球已有46亿年的漫长历史，最早的生命也在30亿年前就已经出现。而人类有记载的历史不过几千年，那么科学家是怎样研究地球和生命历史的呢？中国古代有"沧海桑田"的传说，那真正的历史是怎样的呢？化石是科学家最有力的证据，化石也是地球的记忆。

简单地说，化石就是一种特殊的石头，是生活在很久以前的生物遗体或遗迹深埋在地下变成的跟石头一样的东西。在漫长的地质年代里，有许许多多的生命在地球上出现、绽放，然后消失。恐龙、猛犸象都曾经在这颗蓝色星球上写下绚烂的一章。化石是这些物种曾经存在的唯一证据。

在这些生物死亡之后，它们的遗体或生活时遗留下来的痕迹，其中一部分被泥沙埋入地下。随着时间的推移，这些生物遗体中的有机物质被逐渐分解，只留下较为坚硬的部分，例如外壳、骨骼、枝叶等。它们与周围的沉积物一起，经过石化作用变成了石头。但是，它们本来的形态及结构（甚至一些微小的内部构造）仍然完好地被保留下来；有时生命活动的痕迹也会通过这种方式保留下来。也就形成我们今天所看到的化石了。

化石可以提供很多信息。经过研究，我们可以还原古代动物、植物的样子，进而推断出古代动物、植物的生活状况及生活环境，而且还可以推断出埋藏化石的地层形成的年代和经历的变化，更重要的是可以推断出生物从古到今是如何进行演变与进化的。

化石的演变过程

"化石"一词最早来源于拉丁语。字面直译就是"挖出来"的意思。化石是史前生物能保存下来的较坚硬的一部分，并且这些生物大多生活在化石采集地区。

在火山爆发的时候，整片森林都会被落下的火山灰掩埋。这些火山灰把树木和空气隔绝，因此在许多森林化石中我们可以看到仍然以很好的姿态站立着的树。流沙和焦油沥青也能迅速把落入其中的动物掩埋起来。基本上可以把焦油、沥青看作捕获野兽的陷阱，它又像防腐剂，能阻止动物坚硬部分的分解。漫漫地球史，悠悠沧桑变，并不是史前的所有生物都能形成化石。一万个生物里可能只有一个能完整的形成化石，再被人

们去发现，再被个人所收藏。所以化石是极其珍贵和值得收藏的宝贵资源。由附近火山落下的火山灰曾覆盖过整片森林，在森林化石中有时还可见到依然站立的树，以很好的姿态被保存下来。

洛杉矶的兰乔·拉·布雷沥青湖由于在其中发现了许多骨化石而闻名，在其中发现的骨化石包括长着锐利牙齿的野猪、巨大的陆地树懒以及其他已经绝灭的动物。在冰期生存的某些动物的遗体被冻结在冰或冻土之中。

显然，被冰冻的动物有的可以保存下来。虽然一个生物是否能形成化石取决于许多因素，但是有三个因素是基本的：

（1）有机物必须拥有坚硬部分，如壳、骨、牙或木质组织。然而，在非常有利的条件下，即使是非常脆弱的生物，如昆虫或水母也能够变成化石。

（2）生物在死后必须立即避免被毁灭。如果一个生物的身体部分被压碎、腐烂或严重风化，这就可能改变或取消该种生物变成化石的可能性。

（3）生物必须被某种能阻碍分解的物质迅速地埋藏起来。而这种掩埋物质的类型通常取决于生物生存的环境。海生动物的遗体通常都能变成化石，这是因为海生动物死亡后沉在海底，被软泥覆盖。软泥在后来的地质时代中则变成页岩或石灰岩。较细粒的沉积物不易损坏生物的遗体。在德国的侏罗纪的某些细粒沉积岩中，很好地保存了诸如鸟、昆虫、水母这样一些脆弱的生物的化石。

在漫漫的历史长河中，很多生物早已彻底灭绝，不为人知。但那些极少数留下的生物化石却可以证明它们曾经存在过。

化石的形成非一朝一夕之功。即使满足了生物变成化石的条件，仍然会有种种原因使得一些生物化石从未被人类发现。例如，有些化石由于受到地面腐蚀作用被破坏掉，或是化石较为坚硬的部分被地下水分解了。除此之外，还有一些化石也有可能完好地保存在岩石里，但是当岩石发生强烈的物理变化时，例如褶皱、断裂或熔化，含化石的海相石灰岩就会变为大理岩。在这个过程中化石会完全消失。另外，还有很多化石存在于沉积岩层中，无法进行科学研究工作。不过，也有一些裸露在地表之外的含化石的岩石，它们广泛分布在世界上的一些地方，等待人们发现和研究。还有一个极为普遍的问题，如果生物的残体变成碎片或保存不完好，也会影响对化石的研究，导致人们不能提取足够的信息。

不仅如此，当我们回溯的远古时代越是久远，化石也就更加容易受到破坏。再加上较古老的生物与今天的生物有很大差异，很难对它们进行分类。化石的发掘和研究是非常复杂的。大量的生物化石仍然为人类认识远古时代提供了最好的记录。

无论是动物还是植物，都可以通过不同途径变成化石，影响因素主要包括以下这些：

（1）生物的本来构成。

（2）生物所生存的地方。

（3）生物死后，影响遗体的因素。

古生物学家通常认为生物残体有4种保存形式，而每一种形式又由生物遗体的构成或生物遗体所经历的变化而决定。

对于生物来说，只有当它们本来柔软的部分埋在能够阻止其柔软部分分解的介质中时，才能够被保存下来。冻土或冰，饱含油脂的土壤和琥珀都属于这种介质。另外还有一种情况，那就是在非常干燥的地区，生物也能变成木乃伊，这是因为它们身体上本来的柔软部分迅速失去水分，避免尸体的腐烂。不过，这种情况只发生在干旱地区或沙漠地区，并且还得保证遗体不会变成野兽的美餐。

在高纬度的阿拉斯加和西伯利亚，有一小部分动物的柔软部分能以冻土化

石的形式保存下来。这两个地区常年冰冻不化，在这里发现了大量冻结的多毛的猛犸象遗体，猛犸象是一种灭绝的古象。在冻土融解时，猛犸象的遗体也就裸露出来了。有的巨兽已经被埋藏长达2.5万年，也有些尸体保存得并不是很好。暴露出来的巨兽，有的被野狗吃了，也有的被象牙商当做赚钱的工具。现如今，有许多猛犸象的毛皮被陈列在博物馆里，还有些研究机构把猛犸象的肉体或肌肉保存在乙醇之中。

在东波兰发现了一些远古动物身体的柔软部分，这主要有赖于当地油性极大的土壤。其中保存较完好的是一种远古犀牛的鼻角、前腿和部分皮，这种犀牛早已经灭绝。美国研究人员于新墨西哥州和亚利桑那州的洞穴中和火山口里发现了天然形成的木乃伊地树懒。这里气候极端干燥，一年也下不了几滴雨。动物的软组织因此在还未腐烂时就迅速脱水，并有一部分保存下来的皮、毛、腱、爪等。

琥珀是一种有趣而又不寻常的化石保存方式。有一部分生物变成化石是在琥珀中保存下来的。远古时代，由于天气炎热，昆虫便被某些针叶树分泌出的树脂所捕获。随着时间的推移，松脂进一步硬结，于是一部分树脂形成了琥珀，昆虫便被完整的保存下来。借助琥珀的保护，有一部分昆虫和蜘蛛保存得相当完好，甚至可以在显微镜下对它的细毛及其肌肉组织进行研究。

被保存下来的生物体软组织能够形成一些极为有趣的化石。但这种化石是极为罕见的，尤其琥珀还是一种名贵的宝石，保存有昆虫的琥珀更是天价。因此，古生物学家研究较多的还是那些保存在岩石中的化石。

被保存下来的生物体，大部分是那些硬组织。无论是动物还是植物，它们都或多或少地拥有一些硬部分，如一些蛤、蚝或蜗牛的壳；脊椎动物的牙和骨头或蟹的外壳和能够变成化石的植物的木质组织。由于生物体的坚硬部分能够抵抗风化作用和化学作用，所以这类化石较为常见。无脊椎动物，例如蛤、蜗牛和珊瑚等的壳是由方解石（碳酸钙）组成的，其中有一部分化石没有或几乎没有发生物理变化就被保存了下来。脊椎动物的骨头和牙以及许多无脊椎动物的外甲都是由磷酸钙组成的，能够很好地抵抗风化作用，所以有很多由磷酸盐组成的物质也就被保存下来了，例如过去发现的一枚保存极好的鱼牙。同样，由硅质（二氧化硅）组成的骨骼也具有这样的特点。

那些微体古生物化石的硅质部分和某些海绵，是通过硅化而变成化石的。

除此之外，有机物含有几丁质（几丁质是一种类似于指甲的物质）的外甲，节肢动物和其他有机物的几丁质外甲就能够变成化石保存下来，由于受到其化学成分和埋葬方式的影响，这种物质便以碳的薄膜形式保存下来。在生物被埋葬之后，其中的碳化作用（也可称蒸馏作用）在漫长的腐烂过程中发生，在其分解过程中，有机物也随之失去了所含的气体和液体成分，只剩下碳质薄膜。这种碳化作用与煤的形成过程类似，这样一来我们会在许多煤层中看到大量此类型化石。

很多植物、鱼和无脊椎动物的化石就是通过这样的方式保存下来的，而且其中一些碳薄膜可以准确地记录下这些生物最精细的结构。

不仅如此，化石还可以通过矿化作用与石化作用被保存下来。最为常见的矿物有方解石、二氧化硅以及各种铁化合物。当生物体较坚硬的部分所在的空间有了矿物沉淀时，生物的坚硬部分会因此变得更为坚硬，同时也能够更好地抵抗风化作用。这里说的矿化作用，也可称为置换作用，就是指生物体的坚硬部分被地下水所溶解，同时其他物质的沉淀便填充了所空出来的位置。不过有些通过置换作用形成的化石，其内部的原始结构都已经被破坏。能够形成化石的不仅仅是动植物的遗体，也包括那些能够表明它们曾经存在过的证据或踪迹。这些痕迹化石可以提供有关该生物特点的很多情况。生物体的壳、骨、叶以及其他部分，都能够以阴模和阳模的形式被保存下来。就拿一个贝壳来说，在沉积物还未硬化成岩时就被压入海底，这样一来，就会留下外表特征的压印（也称阴模）。后来，另外一种物质又充填了阴模，也就形成了所谓的阳模。对于阳模来说，可以更好地显示出贝壳本来的外部特征。这是因为生物体外部阴模显示的是坚硬部分的外部特征，而其内部阴模显示的是生物体坚硬部分的内部特征。

　　印痕、足迹、洞穴都可以形成化石，这也是一些动物留下它们曾经存在的证据的方式之一。

　　例如足迹化石，不仅能够显示动物的基本类型，而且也可以提供相当多的环境资料。比如恐龙，其足迹化石不仅能够揭示其足的大小和形状，还可以从侧面了解长度和重量。

　　不仅如此，留有足迹的岩石也能帮助确定该生物的生活环境与条件。在美国德克萨斯州索美维尔县的罗斯镇附近的帕卢西河床中，科学家从白垩纪石灰

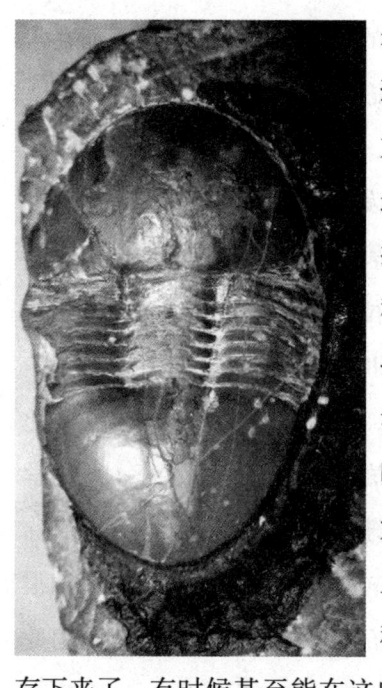

岩中发现了世界上最著名的恐龙足迹化石。这种恐龙大约生活在1.1亿年前。后来，这块留有恐龙足迹的大石灰岩板便被运到全世界的博物馆中进行展出，为科学家们研究这种巨大的爬行动物提供了有力证据。此外，在许多砂岩和石灰岩沉积层的表面可以看到无脊椎动物留下的踪痕。这些踪痕不仅有简单的踪迹，也有螃蟹及其他爬行动物的洞穴。踪痕化石可以让人类更好地了解当时生物的活动方式和生存环境。供动物藏身的洞穴是动物在地上、木头上或石头上以及其他物质上钻出的管状或圆洞状的孔穴，随着时间的推移，这些孔穴一旦被细小的物质充填，就能够保存下来了。有时候甚至能在这些孔穴里发现动物的遗体化石。一些海洋动物，如蠕虫、软体动物等，都会在松软的海底留下洞穴。其中有一些软体动物，例如凿船虫———一种钻木的蛤，石蛎———一种钻石的蛤，它们的洞穴化石和钻孔化石也常常被发现。人类目前已知的最古老的化石就是管状构造的。据研究这种管状构造是蠕虫的洞穴。类似的化石在许多最古老的砂岩中也可以看到。

由于这些钻孔是那些动物为了觅食、附着和藏身而打的洞，因此经常出现在化石化的贝壳、木头和其他生物体的化石之上。而且钻孔也属于一种化石，例如食肉动物———钻孔蜗牛，就能够穿过其他动物的壳钻孔来获取食物。因此我们会在很多古代软体动物的壳上看到好像钻孔蜗牛打的排列整齐的洞。

对于追溯动植物的发展与演化，化石起着非常重要的作用，这

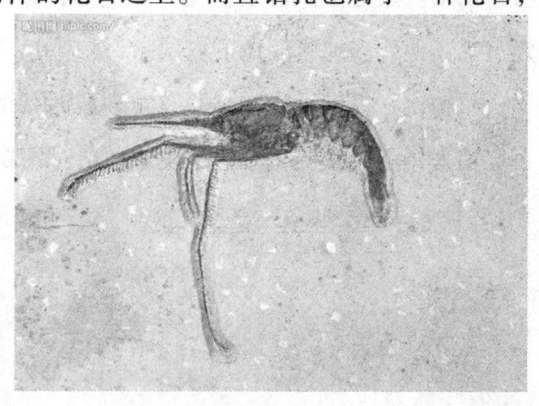

是由于在年代较长的岩石中的化石，通常是原始的和结构较为简单的，而在年代较近的岩石中的类似种属的化石相对来说较为复杂和高级。

一些化石的价值在于可以作为环境的指示物，例如造礁珊瑚，人们会认为其生活地与今天极为相似。因此，一旦地质学家发现了珊瑚礁化石——珊瑚最初被埋藏的地方，就可以认为，这些含有珊瑚的岩石形成于温暖的浅海中。这样一来，就极有可能勾画出史前时期海洋的所处位置及范围。而且珊瑚礁化石的存在为了解古代水体的深度、温度、底部条件和含盐度提供相当多的信息。

化石还有一个重要的用途，那就是用来对比，以此来确定若干岩层间彼此相互关系的密切程度。通过比较，就能够了解各岩层所含的化石特征，地质学家可以以此为依据确定一个特定区域的某种地质建造的分布。这种化石人们称为指示化石，这种化石在地质历史上存在的时间较短，然而它的地理分布却很广。因为此种化石一般只是和某一特定时代的岩石共生，所以最有价值的用处之一就是用来比较确定岩层的年代。

在石油勘探方面，经常用微生物化石作为指示化石。微体古生物学家（研究微体古生物的学者）通过对从钻孔中取得的岩心进行冲洗，将微小的化石分离出来。接着便在显微镜下进行观察与研究，可以获得很多有价值的资料，这些资料可以用来判断地下岩层的年代和储油的可能性。微体古生物化石对于世界油田极为重要，这一点可以从某些储油地层用某些关键的有孔虫的属来命名看得出来。其他微体古生物化石，例如，介形虫、孢子和花粉，也可以用来确定世界其他许多地区的地下岩层。

植物化石提供了许多有关整个地质时代的植物演化的资料。植物化石虽然可以用来指示气候变化，但是用于地层对比却不准确。

形成化石的条件

化石是生物进化的直接证据,是古生物学的主要研究对象。化石的形成必须具备一定的条件。

生物死亡的数量

一般地说,生物死亡数量越多,形成化石的机会也就越多,反之亦然。因此,在由海洋环境形成的地层中,比较容易发现动物化石,特别是珊瑚一类的化石。在含煤的地层中,比较容易得到植物化石,在一些由陆地环境形成的地层中难以找到化石,尤其是哺乳动物的化石。

生物体组成部分的坚硬程度

凡是硬体部分如介壳、骨骼、牙齿、角、树干、孢子、花粉等,不易腐烂与毁灭;凡是软体部分如皮肤、肌肉和各种器官,则容易腐烂而后消失。所以,常见的化石,大多数由生物体的硬体部分所形成。恐龙化石多为其骨架,象的化石多为牙齿和骨骼,河蚌化石多为介壳,三叶虫化石大多数是甲壳,硅化木是裸子植物的次生木质部的木质纤维形成的。孢粉等研究的主要内容之一是古代植物孢子和花粉的形态、分类、组成和分布等,实际上是通过孢子和花粉的化石来研究的。

生物尸体的掩埋速度

生物尸体如果暴露于空气中,会受氧化作用或被其他生物吞食而遭破坏,即使是硬体部分，天长日久，也会被风化和毁坏。因此，生物死后，必须要有某种沉积作用将其迅速掩埋，才能较好地保存。凡是生物繁盛而地质沉积作用急剧进行的地区，化石就比较多。我国甘肃东部、山西西北部、河南西部、陕西等地的地层多数在河湖中形成，由于动物的遗体埋在水底，盆地周围的沉积物不断覆盖，经沧桑变迁，河湖干涸，沉积物变成坚硬的化石，并且暴露于地表。因此，这些地区是哺乳动物化石较多的产地。

石化的程度和快慢

石化包括钙化、硅化、碳化、矿化，是把古生物的遗体、遗物和遗迹通过物理和化学作用，使其变得坚硬如石的过程。

物理作用指的是生物体的外形烙印在岩层上，或是壳体、骨骼等空隙被泥沙或其他矿物质所充填使其变硬的过程。如古植物的根、茎、叶、花、果实和古动物的触须、附肢、羽毛等形成的印痕化石就是通过这种作用。

化学作用是指化学溶液，如碳酸钙、二氧化硅、黄铁矿等溶液对古生物硬体部分的作用。这些溶液在地层中流动时，不断接触古生物硬体部分，其矿物质成分不断与生物体物质进行化学置换，久而久之，这些生物体的物质成分几乎全部被矿物质成分所取代，而形态则保持原样。例如前面提到的常见的硅化木，其物质成分已不是木质纤维，而是二氧化硅。但仍体现出其外部形状，细胞、年轮也都保存了下来。

众说纷纭的化石

在几千年前，人类历史的早期，就有一些希腊学者曾对沙漠中以及山区出现的鱼类化石及海生贝壳感到迷惑不解。直到公元前450年，古罗马历史学家希罗多德对埃及沙漠进行了考察，并且正确地指出那一地区曾被地中海淹没。

公元前409年，亚里士多德进一步证明了化石是由有机物形成的，但是他提出化石之所以被保存在岩石中是由于地球内部存在着神秘的塑性力。在公元前350年，他的一个学生狄奥佛拉斯塔也提出了化石代表着某些生命形式，这些生命是由埋植在岩石中的种子和卵发展形成的。在公元前63年到公元20年，斯特拉波发现在高海拔的陆地上有海生化石的存在，于是他便作出正确的推断，认为含有此类化石的岩石曾经受到较大幅度抬升。

对于化石，处在中世纪黑暗时代的人们有着各种各样海生化石的看法。有人将其视为自然界的奇特现象，也有人认为是魔鬼的作品。这种迷信的说法，再加上宗教权威的反对，使得化石研究进程速度大减。

大约在15世纪初，人们才普遍接受了化石的真正起源。不仅如此，人们逐渐接受化石是史前生物的残体，然而仍将其视为基督教圣经上所记载的"大洪水的遗迹"。对此，科学家与神学家进行了激烈的争论，持续时间为300年。

在欧洲文艺复兴时期，几个早期自然科学家，其中也包括著名的达·芬奇。当达·芬达奇论及化石问题时，坚决主张：洪水并不是所有化石形成的条件，也无法解释为什么有的化石出现在高山上。这些自然科学家非常肯定地认为，化石是古代生物的证据，而且正确地指出海洋曾经淹没意大利。达·芬奇认为，古代动物的遗体被深埋在海底，在随后的某个时间，海底突然隆起高出海平面，形成了意大利半岛。

在18世纪末和19世纪初，化石已经形成一门学科。自此以后，化石对地质学家的研究工作起着越来越重要的作用。化石多发现在海相沉积岩中，当海水中沉积物，例如石灰质软泥、沙、贝壳层等被压实并胶结成岩时，就形成了海相沉积岩。其中仅有很小一部分罕见的化石出现在火山岩和变质岩中。火山岩形成时，温度高达数千摄氏度，没有化石可以在这么高的温度中保存下来。而变质岩的形成也经历了剧烈的物理和化学反应，同样也很难有化石保存下来。即使在沉积岩中，能够保存下来的记录也只是史前动植物极小的一部分。如果了解形成化石的过程需要的条件是非常苛刻的，也自然就明白了沉积岩中所保留下来的仅仅是史前动植物的很小一部分原因了。

地球生命来源及其演变过程

在科幻影片中，我们经常听到"时间隧道"这个词，并在影片中看到人们穿过"时间隧道"回到史前世界中去。然而在现实中这是难以实现的，地质历史有多长？大约有46亿年。人的生命与宏大的地质时限无法相提并论，然而化石为我们提供了这样的便利，它使我们能够回溯历史，认识几百万年甚至几十亿年前的地球和生物界。

整个生物界，从无生命到有生命，从简单的生命到复杂的物种，都有一个发展的过程。无论是鱼类、鸟类、两栖类、爬行类、哺乳类等都有一个起源问题，即从无到有的过程，这一过程在地质历史中才能得以体现。让我们掀开地质历史的每一页，回顾和认识漫长的地球发展和生物演化的历程吧！

地球从诞生到今天已有46亿年了，这个年龄是根据地壳中放射性元素的衰变规律，应用同位素年龄测定出来的，地壳形成之前的一段时间是根据科学推断得出的。地球从太阳星云中分离出来时仅是一团纷乱的宇宙尘埃物质团，在引力的作用下逐渐凝聚成形。在它诞生之后的最初十亿年里，是一个沸腾的星体，到处是岩浆横溢，到处是一片火跃烟腾。在这个火热的世界里，物质开始按自身的重力产生分异，轻清者上升，重浊者下沉，形成地球从表到内的最初的层圈构造。后来随着能量的不断向外释放，地球开始冷却下来，当它的表面凝结变硬成为壳体、蒸汽也冷凝成液体以后，这时，可能就有某些生命出现了。最初的生命形式只是一些物质的有机分子，但它们能够自身进行自我复制（繁殖），并且能将它们的自身特点和变化遗传给它所复制的新分子（子代）。简而言之，从生命伊始，一部生物进化的机器就运转起来了。在这个进化的过程中变异也随之开始了，新的生物种属就从旧的种属中发展出来了。虽然目前已经在南非古老的岩石中发现了距今30多亿年前的远古细菌，但最初的生命形式并没有留下什么化石或遗迹。对于占地球历史7/8的那段时间里发生的事情我们还知之甚微，只能推测某种生物类型是否曾经生存过。

　　直到57 000万年前，地球上进化出来了有硬壳的动物，才在岩石中留下了它们的化石。从此以后大自然中才有了一幅生命发展的清晰图景。最早保存在地层中的化石表明，最初的生物都是生活在咸水（海洋）中的。到了42 000万年前，植物和动物才开始爬上陆地。有一些鱼离开了水，进化成两栖类动物，现今的蛙类和蝾螈就是生活至今的两栖类动物的代表。以后又有一些演化为爬行类动物，从24 500万年到6500万年前，是它们统治地球的时期，被称为爬行动物时代。恐龙就生活在这一时期里。当这些巨大的爬行动物消亡之后，哺乳动物开始登上地球统治者的舞台，一直演绎至今。在当代地质学中，将地球的历史划分为若干个地质时期，每一个地质时期都是以生存于这个时期里的某些动物类群为标志的，在那一时期里形成的沉积岩（包括火山沉积岩）中，能够找

化石：生命演化的传奇

到它们的化石。这种以生物进化阶段特征为依据来划分地层年代的学科，被称为"生物地层学"，是当代地质学中划分地层时代应用最为普遍的学科。

在这颗蓝色的星球上，有生命历史的最早时期被划作为前寒武纪时代，人们对它只有很模糊的认识，尽管这一段时间很漫长，但在地层中留下的生命痕迹却是微忽其微的。最初的生命形式也只能是推测的，它们可能只有一个细胞，这种生物的模样也可能就像某种现生的蓝绿藻。这些单细胞的生命在现代的水域中，一丛丛地与泥土长在一起，形成一堆堆的垫藻岩。在前寒武纪的岩石中能够找到与之相类似的藻类化石。

到了57 000万～51 000万年前的寒武纪时期，动物进化出了硬壳或角质的被覆物，它们在这一时期的地层中留下了大量的化石，是地球上的一次生物大爆发，例如近年在我国云南澄江地区发现的、轰动世界的澄江生物群，就是这次生物大爆发的重要遗迹。一些似海绵或虫状的海中生物，形成地球上最早期的带硬壳动物。最早的鱼类是在51 000万～43 900万年前的奥陶纪时期出现的。最初的鱼类只有直直的分节杆状身躯，能够像蛇皮管那样进行弯曲。

奥陶纪时期常见的化石是贝类、三叶虫、海百合和鹦鹉螺等动物。43 900万～40 900万年前的志留纪是植物最早登上陆地的时期。在地球形成以后很长的时间里，大气层是由火山喷发等活动释放出来的气体构成的，基本上是一种有毒气体的混合物。当大海中出现最早的

原始动物时，最初的原始植物也同时进化出来了。植物吸取二氧化碳和阳光，进行光合作用，合成自己所需要的营养物质，同时，也将光合作用的副产品——氧气——释放出来。而这些释放出来的氧气进入水体中，形成气泡浮出水面，加入到地球的原始大气中，逐渐地改变着大气的组成。到志留纪时，地球大气中已积蓄了足够的氧气，完全可以维持离开水体登上陆地的生命呼吸之需了。虽然如此，此时期登上陆地生活的植物还是十分罕见的。志留纪时期常见的动物是三叶虫和珊瑚。

泥盆纪又被叫做鱼类的时代，是从40 900万～36 300万年前，这一时期在海洋中鱼类不再是稀罕物，已发展成为很普通的动物种群了。这时鱼类身体的两侧已经长出了鱼鳍，使它们在水中变得更为自由灵活。鱼体的前端生有坚硬的头壳骨，可以把鱼脑有效地保护起来；并且从头到尾被一条完整的脊椎骨贯穿着，鱼类基本外形的进化阶段完成了。此时的陆上生物也有了很大进步，最早上陆生活的脊椎动物可能就是某些鱼类，它们已经进化得像今天的肺鱼一样，能够在陆地上呼吸，并且可以借助一对有力的胸鳍，支持身体在泥地上爬行。因为它们已能够短时间地离开水体，所以即使是它所生活的水域短时期干涸时仍然能够生存下去，并且还能够在陆地上捕食，维持其陆上的活动。最初的两栖类动物也是在这一时期出现的，它们就是由最先爬上陆地的鱼类演化而来的，仍然保持着鱼一样的头和尾巴，但它们的肋骨已变得很坚硬，支撑胸腔，免于压迫肺部，使呼吸活动更为顺畅，并且已经生长出带趾的四肢，更加适于陆上的生活。虽然这时有些两栖类动物可以长期离水生活，但却仍然要受到水体的制约，不能离开水体太远，因为它们还要回到水中去产卵，幼体也需要在水中发育生长，如同现生的青蛙和蝌蚪那样。它们的这种生存状态在泥盆纪之后的石炭纪（36 300万～29 000万年前）得到了极大的满足，这一时期地球上发展成为广阔三角洲和沼泽的河流时代，为两栖类动物的大发展提供了最理想的生存环境，所以石炭纪时期进化出了种属繁多的两栖类动物。同时这一时期也是地球历史上一个重要的成煤时期，在那时的煤炭森林里到处都活跃着两栖类动物和昆虫。最早的爬行动物也是在这一时期出现的。

　　石炭纪之后是地质史上的二叠纪时期（29 000万~24 500万年前），地球环境在这一时期里变得严酷起来，成了一个布满沙漠和冰封雪裹的时代。为了能在这种干旱寒冷的气候条件下生活，一些两栖类动物进化成被覆鳞甲的陆地生活类型，这就是早期的爬行动物。其主要类型是似哺乳类爬行动物，这类动物是在石炭纪晚期出现在地球上的，它们在最本质的构造上属于爬行动物，但却具备了一些哺乳动物的特征，在解剖上非常像哺乳动物。这些种类繁多的半龙半兽的动物在这段时间里在沙漠的绿洲中繁衍昌盛起来。三叠纪是中生代开始的第一个纪，从24 500万~20 800万年前，此时地球上的沙漠仍然没有消失，一些大型的两栖类因无法适应这种严酷的生存环境而相继绝迹。兴旺一时的似哺乳类爬行动物也消失了，只有它们中的某些种类可能进化成了最早的哺乳动物。中生代之初是槽齿类爬行动物崭露头角的时期，它们演化出包括恐龙在内的几大类群动物。到了中生代的侏罗纪（20 800万~14 600万年前）和白垩纪（14 600万~6500万年前）就进入了恐龙兴盛的年代，正因为这一时期地球生物界是被恐龙等爬行动物主掌，所以人们又把中生代、三叠纪、侏罗纪、白垩纪——称为爬行动物的时代。

　　从距今6500万年前开始直到如今，地球的生物界都是哺乳动物一统天下。这个时期称为新生代，分为两个纪：第三纪和第四纪；七个世：古新世、始新世、渐新世、中新世、上新世、更新世和全新世。我们人类就出现在更新世时期。

　　我们现在生活的这个世界，和恐龙生活的世界是一样的，是一个并不安定的家园，一个每时每刻都在变动着的世界。我们最直接见到的是地球表面的变化：陆地的表面不断被风雨、河流、冰川和其他各种自然作用侵袭、风化、剥蚀。经过千百万年，高山被夷为平地，巨石被粉碎成砾石碎砂，又被风或流水搬运走，带到低洼处或各式水体中积聚起来，又重新凝结、压固成新的岩石；它们在受到横向或垂直的力的作用下，被挤压成褶皱或断裂抬升与下降，变为新高山，再去接受新一轮的高山变平地、沧海变桑田的不同质的循环。除地表的这些运动变化之外，地底下也同样是不平静的，火山或地震就是地下活动在地面上的直接表现。现在我们都知道，地球从外到内是由地壳、地幔和地核构成的。地幔是构成地球的最大部分，在地幔里，熔岩物质不断上升扩散，接近地表冷却后的岩石物质又转为下沉，形成地内的物质循环运动。这种运动也使载于其上的地壳产生水平方向上的位移，造成海底扩张和大陆漂移，并在大陆的边缘形成高山和岛弧。地球上的大陆板块就像被置于一张由地幔形成的柔软的大床上，如同树叶漂浮在水面上一样，按着某一流动方向，进行漂移，一刻也不停歇。在距今36 000万~28 600万年前的石炭纪时，当时的大部分陆地是连在一起的，没有连接的其余陆地也都有向这个巨大陆块移动的趋势。到距今24 500万~20 800万年前的三叠纪时期，恐龙在这个世界上最初出现时，各大陆块漂移到了一起，形成了一大块超级的大陆板块，被称之为"盘古大陆"。到了20 800万~14 600万年前的侏罗纪时，虽然盘古大陆仍维持为一块单一的大陆板块，但在这个大板块内已经开始了最初的解体，大部分地区被新形成的浅海所覆盖。到距今6500万年前中生代最后的一个纪——白垩纪末期，恐龙时代的末日降临时，盘古大陆肢解成多个陆块，并各自按着自己的方位漂移开去，此时的地球表面已依稀可以辨认出现代世界各大洲的轮廓了。到哺乳动物接掌地球统治大权的新生代第三纪（6500万~5200万年前）时，大陆板块漂移到现代世界各大洲的位置上。然而运动并没有止息，目前，美洲大陆正相对远离欧洲，澳洲大陆向北漂移，而非洲大陆正沿着一条南北向的东非大裂谷分开。至于各大洲板块自身的运动更是多得不胜枚举，例如，印度板块仍在向北推进，被挤压的喜马拉雅山不断升高；美国的

加利福尼亚也正在北美大陆闹分家……这种运动的速度，在人们看来是极其缓慢的，每年只移动很少的几个厘米或更少，然而千百万年之后再来审视我们居住的家园，就会发现那时的世界与今天相比，早已面目全非了。

走马观花——化石纵览

物以类聚——化石的分类

化石分类按照不同的标准有着不同的分类。目前人们发现的化石，从其保存特点看，可大致分为以下四类。

实体化石

古生物遗体本身几乎全部或部分保存下来的化石被称为实体化石。原来的生物在特别适宜的条件下，也就降低了空气的氧化作用和细菌的腐蚀作用，这样一来，其硬体和软体可以较完好地保存下来，不会出现显著的变化，如猛犸象（第四纪冰期西伯利亚冻土层中于1901年发现，25 000年以前，不仅骨骼完整，连皮、毛、血肉，甚至胃里面的食物都保存完整）。

模铸化石

生物遗体在地层或围岩中留下的印模或复铸物称为模铸化石，一般可分为四类。

第一类是印痕，也就是生物遗体陷落在底层所留下的印迹。遗体往往保存不完好，但这种印迹却可以反映此生物体的主要特征，然而那些不具硬壳的生物，如果条件具备的话，仍然可保存其软体印痕，最普遍的就是植物叶子的印痕。

第二类是印模化石，共有外模和内模两种。外模是遗体坚硬的部分，例如贝壳的外表印在围岩上的痕迹，能够很好地反映出生物外表本来的形态及构造。内模也就是壳体的内面轮廓构造印在围岩上的痕迹，能够反映生物硬体的内部形态及构造特征。例如被砂岩掩埋的贝壳，由于其内部空腔也被泥沙填充，当泥沙固结成岩，再经过地下水的溶解之后，就会在围岩与壳外表的接触面上留下贝壳的外模，在围岩与壳的内表面的接触面上留下内模。

第三类称为核化石，上述所提到的贝壳内的泥沙填充物也就是所谓的内核，其表面为内模，内核的形状大小和壳内空间的形状大小一样，是反映壳内构造的实体。如果其壳内没有那些填充物，当贝壳溶解后就会留下一个与壳内形状大小都一样的空间，如果这个空间被再次填充的话，就会形成与原贝壳形状大小一致而成分均等的实体，称其为外核。外核表面的形状和原贝壳表面都是由外模反印出来的，因此也是一样的，其内部为实心，但反映不出贝壳的内部特点。

第四类为铸型，当贝壳被沉积物所掩埋，在其形成外模及内核之后，壳质就会全部被溶解,而又填入了另一种矿物质,与工艺铸品极为相似,填入物可以更好地保存贝壳的形状及大小,这样一来就形成了铸型,其表面看上去与原来贝壳的外饰相同,它们内部还有一个内核,可贝壳本来的细微构造并没有保存下来。

总而言之,外模和内模表现出来的纹饰凹凸情况与原物恰恰相反。不过,外核与铸型的外部形状和原物完全吻合,如果原物的内部构造被破坏消失,其物质成分与原物也会有所差异。然而二者的本质区别在于外核没有内核,而铸型内部却有内核。

遗迹化石

保留在岩层中的古生物生命活动的痕迹和遗物被称为遗迹化石,其中最重要的是足迹,不过还有节肢动物的爬痕、掘穴。钻孔以及生活在滨海地带的舌形贝所构成的潜穴,也可以形成遗迹化石。通常情况下,遗物化石往往指动物的排泄物或卵(蛋化石)、各种动物的粪团、粪粒都能够形成粪化石。我国白垩纪地层中的恐龙蛋闻名于世,曾经在山东莱阳地区以及广东南雄发现许多成窝累叠起来的恐龙蛋化石。

化学化石

在远古时代,生物遗体有的虽被破坏,没有保存下来。但组成生物的有机成分经过分解而形成的各种各样的有机物仍然可以留在岩层中。例如氨基酸、脂肪酸等,虽然肉眼看不见,但它具有一定的化学分子结构可以显示生物留下的痕迹,这种就是化学化石。随着社会的发展,近代化学研究的不断发展,科学技术逐步提高,古代生物的有机分子(如氨基酸等),便可以从岩层中分离出来,进行鉴定研究,这就形成了一门新的学科——古生物化学。

特殊的化石

在远古时代，植物常常会分泌出大量树脂。这些树脂浓度大，黏性较强，昆虫或其他生物飞落在上面就会被粘黏，由于树脂继续外流，昆虫身体就可能被树脂完全包裹起来。这样一来，外界空气无法进入，整个生物没有发生较大的变化便被很好地保存下来，琥珀就是这样形成的。还有一种化石叫做龙骨。龙骨一直被人们作为中药，事实上它主要是新生代后期还未完全石化的多种脊椎动物的骨骼和牙齿。大多数都是上新世和更新世的哺乳动物，例如犀类、三趾马、鹿类、牛类和象类等的骨骼和牙齿，甚至偶尔还含有少量人类的骨骼。五花龙骨或五花龙齿，颜色不像一般的化石那样呈单调的白、灰白或黄白，而是在黄白之间夹杂有红棕或蓝灰的花纹，比较好看。象类的门齿化石，一般被人们视为上品。通常情况下，也可分为以下几类。

1. 标准化石

这类化石特征明显、数量较多、分布较广但延续时间较短、易于人们发现。一般情况下，人们用它们作为划分对比地层的重要依据，是标志性化石之一。

2. 指相化石

那些对生活环境、生存的自然地理条件要求相对严格的生物形成的化石。通常情况下，人们用这些生物所形成的化石来推断出当时各地的环境条件，而且数据准确率极高，也是标志性化石之一。

3. 带化石

带化石是指在地层学中可以用来作为划分最小地层单位生物带的依据的化石。

化石：生命演化的传奇

4. 持久化石

有一些生物进化非常缓慢，时间跨度上相对比较大，因此其化石延续时间较长，人们称这类化石为持久化石。

5. 化石钟（也称古生物钟）

1933年，我国学者马廷英在研究现代珊瑚时第一次提出古生代四射珊瑚外壁上长着可以反映气候季节变化的生长线。30年以后，美国古生物学家在研究古珊瑚时计算出当时一年的月数以及每天的小时数。于是，人们便将这些能推算出古地球公转速度和自转速度的化石称为古生物钟或化石钟。

按化石的形态来划分类别，可分为石质化石、煤化石、冰冻化石、琥珀等。其中的石质化石非常多，例如恐龙蛋。我们看到的煤块上面的树叶痕迹是最常见的煤化石之一。在保存较好的原始森林里极易发现含有昆虫的琥珀化石。然而冰冻化石比较罕见，其中最著名的猛犸象的尸体与保存完好的雪人尸体是最典型的例子。

遗老遗少——何谓活化石

活化石是指在种系发生中的某一线系长期未发生前进进化，也未发生分支进化，更未发生线系中断，而是处于停滞进化状态的结果，并仍然是现存的种类。在生境不变，成活率极低的情况下，这些生物在几百万年时间内几乎没有发生变化。于是相应地就形成了一些延续了上千万年的古老生物，同时代的其他生物早已绝灭，只有它们独自保留下来，生活在一个极其狭小的区域，被称为"活化石"。

现存的一些古老的生物种类，属非科学术语。达尔文首先用于东亚的曾被认为距今1亿多年前已绝灭的银杏。一般认为活化石应有以下4个限定条件：

（1）在解剖上真正与某一古老物种极相似，但并不一定是完全相同或就是该物种。

（2）这一古老物种至少已有1亿年或几千万年的历史，在整个地质历史过程中保留着诸多原始特征，而未发生较大的改变，也就是一种进化缓慢型生物。

（3）这一类群的现生成员由一个或很少的几个种为代表。

（4）它们的分布范围极其有限。

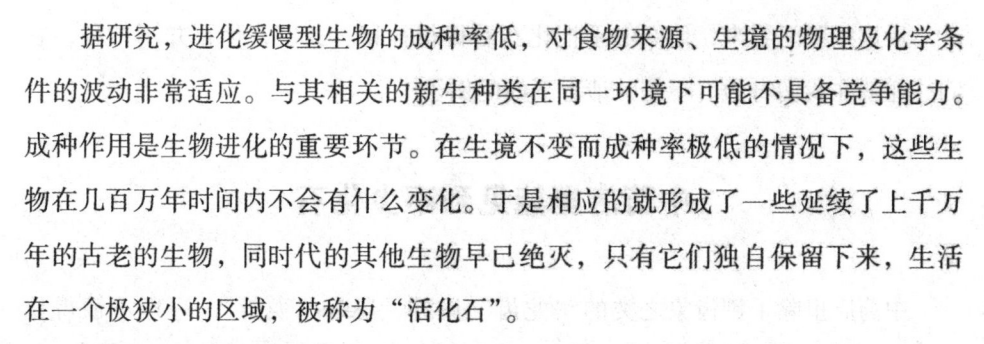

据研究，进化缓慢型生物的成种率低，对食物来源、生境的物理及化学条件的波动非常适应。与其相关的新生种类在同一环境下可能不具备竞争能力。成种作用是生物进化的重要环节。在生境不变而成种率极低的情况下，这些生物在几百万年时间内不会有什么变化。于是相应的就形成了一些延续了上千万年的古老的生物，同时代的其他生物早已绝灭，只有它们独自保留下来，生活在一个极狭小的区域，被称为"活化石"。

按照生物进化的形式分析，"活化石"是在种系发生中的某一线系长期未发生前进进化，也未发生分支进化，更未发生线系中断（绝灭）。而是处于停滞进化状态的结果，必须仍是现生的种类。

1938年在非洲东南部海中，首次发现残存的总鳍鱼类矛尾鱼，是世界闻名的一种活化石。我国现在的裸子植物银杏、水松和哺乳动物大熊猫等，均被世界公认为珍贵的活"活化石"。

另一些在地史时期，曾广泛分布而长期生存至今的动物，如腕足类的海豆芽等，也是"活化石"，但它们不是孑遗生物。

总之，孑遗生物一定是"活化石"，但"活化石"不一定都是孑遗生物。

化石：生命演化的传奇

化石就在我们身边

当我们走进自然（历史）博物馆或者地质博物馆，或者古生物陈列室时，迎面而来的各种各样的化石，千姿百态，琳琅满目，令人赞叹不已。前来参观的许多朋友，特别是中小学生，经常会提出这样一些问题："这些珍宝是从哪里找来的？为什么我们平常都见不到？"

从这些疑问看来，他们似乎把化石看得很神秘。其实，化石并不神秘，它们往往就在我们身边。不信，请看下面的例子。

中药店里能见到不少化石

中药店里除了剑齿象之类的"龙齿"以外，还有"龙骨"。一般不懂得化石专业知识的人，很容易被这些称之为"龙齿""龙骨"的药材名称所迷惑，以为是传说中的龙遗留下来的牙齿及其骨骼。其实，它是一类新生代后期（通常是指距今约500万年到几十万年前的上新世至更新世这段时间）各类脊椎动物，主要是哺乳动物的硬体（牙齿和骨骼）埋藏于地下，经过初步的石化作用，与原物相比，重量和坚硬的程度大为增加，但尚未成为基本上已消失有机物质的岩石，而是还残留动物硬体中的有机物质。如果要检验它，不妨用舌头舔一下这些龙齿或龙骨的新鲜断裂面，颇有黏的感觉。中医药可能是利用这个未完全石化的特殊成分来入药治病的。在科学尚不发达的年代里，普通人往往难以解释这些特殊事物的来历，于是好事者便编造出龙的遗骸之类的神话故事，

叫出带有"龙"字的名称来。

据我国古代中医药书籍中的记载，龙齿和龙骨可以治疗多汗、虚喘、心悸、失眠等病症，可见它具有安神养心之效。

现代科学发达以后，曾将部分龙骨或龙齿进行化学定性分析，认定其中含有钙、钾、铝、铁等元素，多呈碳酸根、磷酸根的正反应。还有人将这些成分与海生的牡蛎贝壳的成分相比，结果发现两者极为类似。但在中医入药时，都未能用牡蛎壳来代替龙骨或龙齿！大概其中还有未被人们认识的某种奥妙吧！

除龙骨和龙齿用作中药材之外，最常见的还有石燕化石。据说，它有清凉解毒之功效。所谓石燕化石，其实是地质时期海生腕足动物的通称，如按生物分类，该动物可有数十个科目之多。在地质历史上它的分布也很广泛，大致从五亿年前的寒武纪直到几百万年前的新生代各海相地层中均有分布。就我国而言，主要产于从三四亿年前的泥盆纪到两亿多年前的二叠纪时期的海相石灰岩地层中。特别在云南、广西、贵州以及长江中下游各地最为丰富，少量的则见于其他各处。

此外，琥珀入药在我国也已有很久的历史了。李时珍的《本草纲目》曾记载："琥珀，气味甘平，无毒，能消瘀血，通五淋，壮心，明目磨翳，止心痛癫痫……"所以，在治疗心情烦躁、失眠多梦、月经停闭、小便不畅等病症时，多有用之。将琥珀与珍珠制成"珠珀安神丸"，中药店有出售。琥珀是树脂流溢出来变成的化石。

还有第三纪时期的石蟹化石，亦作为药用。

令人遗憾的是，我不是医生，如果与药物学专家配合研究，说不定还有不少化石可当治病之用，或许能编写出一篇《药用化石》的宏论。

建筑石材中常见化石出现

如果你有机会到北京人民大会堂或者南京长江大桥桥头堡的内厅或其他高

级建筑物去参观，就可见到那些地上铺的、梁柱上镶嵌的、墙壁上铺设的"大理石"上，显现出许多带有紫色、灰色的不规则同心圆状的图案花纹，有如云朵飘浮，有如蚕丝缠绕，有如浮藻游动，相互拥挤，密集会聚，显得十分幽雅，令人目不暇接。当你突然与它相见时，真以为这些富丽堂皇的石材采自云南大理的点苍山呢！

这些所谓图纹如锦的"大理石"，让人们受骗了。只要懂得一点地质古生物学基本知识的人，一看便知道，这就是称之为叠层石的藻类化石留给我们的戏谑。这些由藻类构成的叠层石，目前还能在澳大利亚的沙克湾海岸边上以及大堡礁等地见到。如果把时间向前推到几亿年前的元古代晚期或寒武纪时期，我国的许多地区，例如华北及山东、安徽北部一带，当时地处温暖气候区的浅海边岸地带，叠层石分布广泛，就像上述的澳大利亚沿岸地带一样。后来，经过一番沧海桑田的变迁，这些叠层石藻类就固结在石灰岩之中，成为化石。如今采石工人从山上挖掘出来以后，再经过修整、切削、磨平、抛光等工序，这些如丝似云般的花团锦簇便自然地呈现在人们的眼前，一旦装饰在宏伟的建筑物上，更显得雍容华贵了。

这些叠层石石灰岩，经过一番加工，往往在市场上冒充图纹大理石，但这绝不是大理石。

首饰中也有化石

制作首饰的原料，大多选用美观、坚固、高价、珍奇者，常见的有黄金、白银、宝石以及罕见的钻石之类。但也有选择非岩石矿物类材料的，其中最名贵而且普遍的当推琥珀，特别是内含昆虫化石的琥珀最为难得。晚唐诗人李贺（公元790—816年）在咏琥珀时有"琉璃钟，琥珀浓，小槽酒滴珍珠红"之句，活脱脱地写出了琥珀的美丽及其装饰价值。

琥珀作为装饰的历史，可追溯到3.5万年前的旧石器时代晚期，当时曾用

一片小琥珀作为护身符，可能有避邪的意思，这就是首饰的开始。

现在，工艺美术制品厂已将琥珀加工成戒指、项链、领花、耳坠、别针、烟斗杆、烟嘴等。有些琥珀是与煤精在一起的，人们利用琥珀光亮夺目之功效，把煤精雕成狮子、老虎身体及头部时，两颗琥珀正好雕成动物的眼睛，炯炯有神，起到画龙点睛的作用。

在奴隶制时代，一件琥珀首饰或艺术品的价格远高于一名奴隶的身价。现在，虽然琥珀制品较多，但仍价格不菲。一串普通琥珀项链，也可卖上几百美金。如琥珀内含有昆虫化石，又在首饰的适当部位出现，其价格就无从估计了。

据古人的经验，佩戴琥珀首饰，除美观外，还有养心安神的作用，与药效相似。现今人们佩戴琥珀首饰，是否取其保健作用就不得而知了。

据记载，利用化石制作首饰的，还有出产于西伯利亚冻土带的猛犸象的牙齿，主要是门齿，即所谓獠牙，用它来制作过去封建帝王时代上朝时使用的朝笏、朝珠及其他案头小摆设等。清代康熙年间，当权者还专门派人前往西伯利亚收购猛犸象牙齿，可能其价格要比现生的印度象或非洲象的牙齿便宜。虽然这些牙齿也称为化石，其实尚未石化，所以雕刻效果与现生象的牙齿无异。

还有，之前已提及的珊瑚化石，既是作为印章的材料，也有工匠将其制作成项链或佛珠之类。它们晶莹洁白，天然的珊瑚花纹隐约可见，亦颇具天然的古朴幽美之感，不啻名贵的饰品，且特含情趣。

化石是如何形成的

多洛的进化不可逆法则

在化石的采集和研究中人们发现，凡是在比较老的地层中发掘到的那些绝灭了的化石种类，在较新的地层中就再也不会找到了，例如古生代地层中的三

叶虫、中生代地层中的恐龙化石都不可能再在新生代地层中出现。这些在今天看来很普通的现象在当时却不为人们所注意。

比利时籍法国古生物学家多洛在自己多年的研究中，也注意到了这一重要现象，即不同时代的地层中含有特定的动植物化石。受其他学者的启发，多洛于1890年提出了生物进化的不可逆法则。按照这一理论，不论是动物还是植物，也不论是整体还是局部器官，一旦进化到某个阶段，就再也不会返回到祖先曾有过的形态了。

这种例证很多，鲸和海豚是由鱼类登陆后进化为哺乳动物，又经过长时间的演化返回到水中去的，但是鲸和海豚都不会恢复它们祖先鱼类所具有的呼吸器官或运动器官。鲸和海豚是用肺呼吸而不是用鳃呼吸，鲸的前肢仅与鱼的鳍貌似，但骨骼结构完全不同，可见进化是不可逆的。

有人注意到一些反证，例如，人类是从灵长类进化来的，但在人类中发现过毛孩，对此如何解释呢？我们说，这种重复祖先某些特征的现象叫返祖现象，通常认为返祖现象没有普遍意义，它只是在极特殊的条件下，在生物后代的少数个体上发生的现象，这种现象绝大多数也不会遗传。所以，经过实践的检验，许多事实都支持不可逆律，生物确实是在不断进化，已经演变的物种不能恢复祖先的形态，生物一绝灭，就不可能再重新出现。

人们根据生物进化的不可逆律，可以在不同时代的地层中发现不同门类的生物化石，根据这些化石可以把各个地质时代的地层区分开，这就是地层学家依据化石确定地层时代和划分地层的基本原理。

史密斯的化石层序律

化石层序律是英国地质学家史密斯建立的。

史密斯在70年的生涯中，几乎都在和化石打交道。幼年在农村的学校读书时，就经常一个人跑到野外去采集化石，史密斯后来成为一个地质学家，但对古生物学情有独钟。由于经常参加野外地质考察，史密斯收集的化石标本不计其数，他把所有的时间和精力都倾注到科学研究上，为了解决温饱问题，不得不把许多珍贵的化石标本卖给伦敦的不列颠博物馆，以换取金钱以糊口。

史密斯在采集化石过程中逐渐发现，沉积地层的结构是有规律的，在沉积地层的下部埋藏的化石在时间上较早，上部的化石时间较晚，这种层序上的规律是不受地区限制的。也就是说，如果沿着一个层面追索到距离较远的另一个地区，含有相同化石的地层无疑属于同一时代。化石层序律的发现具有重要意义，举例来说，如果在甲地含有一定类型化石的地层中发现了某种矿藏，在乙地含有相同化石的地层中也应含有这种矿藏。

史密斯为了总结提出化石层序律曾付出了艰苦的劳动，他在伦敦地区从事这项研究时，终日辛勤工作在野外，为了总结化石在层序上的分布规律，往往跟踪几百千米观察地层的结构，一年的行程累计达1.6万千米以上。1831年，大英帝国政府为表彰史密斯的杰出贡献，向他颁发了伦敦地质协会的奖章，次年他还获得了皇家给予的年薪。

重演律、相关律及其他定律

有一个很有意思的现象，在我们身边，无论是天上飞的还是地上跑的所有多细胞生物，不管结构构造多么复杂，进化程度多么高级，其生命起点都是从一个单细胞开始，进一步说，今天生存在地球上的各种生物，都起源于最早的单细胞祖先。

在生物个体发育过程中，这一现象得到了充分的印证，胚胎早期是由单细胞开始，卵裂后才发育为多细胞体，最后形成各种器官和组织，构筑成复杂的生命形式。生物在个体发育早期总是重现其祖先的特征，以后才再现自身与祖先不同的较进步的特征，这一规律就是重演律。例如，鱼类、两栖类、爬行类、鸟类、哺乳类（包括人类）不仅是从单细胞开始生命的旅程，在它们的早期胚胎中都有鳃裂，这也是重演自己祖先特征的另一现象。关于人起源于猿类这一现象，重演律提供了有力证据，因为人与猿的早期胚胎十分相像，有许多特征都完全相同，只是两个月以后才各自显现自己的特征。

重演律是海克尔在1866年提出的。他最早注意到生物系统发育中的重演现象，设计出许多生物进化系统及树和人的种系发生图，精辟地总结了重演律，认为"个体发育是系统发生的简短重演"。当然，海克尔的理论仍掺杂着唯心主义成分，在论及生物发展的模式上，本质上是机械的，但重演律的提出仍给人们以很大的启迪，它不仅扩大了人的想象力，丰富了古生物学的理论研究，而且为人类最终揭示生物演化的奥秘打开了一扇窗口。

相关律是另一个与生物演化有关的定律，许多古生物学家都总结过生物进化过程中的相关变异，所谓相关变异就是生物某一部分器官在发展中产生变化后，必然会导致其他器官的相关变化。居维叶、达尔文等根据自己的考察和研究，分别提出相关变异的许多实例，如固着蛤类就是相关变异的产物。固着蛤是由其祖先双壳类演变而来的。在演化初期，一部分双壳类的生活环境发生了变化，原本生活的静水环境逐渐变为水动力条件较强的环境。为了适应这种变化，双壳类的一瓣壳变为圆锥状，黏固在海底上，另一瓣壳变为口盖状，保护着肉体，这种演变世代相传，就形成了一个新的物种——固着蛤。在古生物研究中相关律得到广泛应用，人们利用相关律可以从发掘出的一颗牙齿，确定它是食肉动物还是食草动物，并根据齿冠结构及形态，推断它的颚部特征，并进一步鉴定出整个动物的名称。

在古生物学家中，还有一些其他法则或定律。

现实主义原理是地质学家赫顿提出的，莱伊尔又把它充分地发展了。现实主义原理认为，人类能够以当今地球上发生的自然地质过程为依据，用以解释地质历史时期的各种现象和作用。这一原理已成功地应用到古生物研究领域，我们同样可以用现生生物作参照系去解释地史时期的生命活动和生物发展。

威廉斯登法则主要用于脊椎动物化石研究，威廉斯登法则认为脊椎动物在进化历程中，从低等到高等，骨骼的总体数目有一个逐渐减少的规律。以鱼类为例，硬骨鱼类最早的头骨由180片骨片组成，而后来的硬骨鱼类头骨的骨片数目减少100片左右。再如哺乳动物，一般哺乳动物头骨骨片的数目为35块，人是哺乳动物中进化程度最高的，头骨骨片只有28块。

  上面介绍的各种法则和定律，是人类在长期从事科学研究中获得重大突破的一部分，它们大多被实践证明是正确的，不仅在过去得到承认和应用，在今天也仍具有普遍意义，并显示出很强的生命力。还有一些是人们在某个研究阶段的产物，随着人们认识水平的提高，正在不断地得到完善或被一些新的认识所取代。

古代奇葩——植物化石

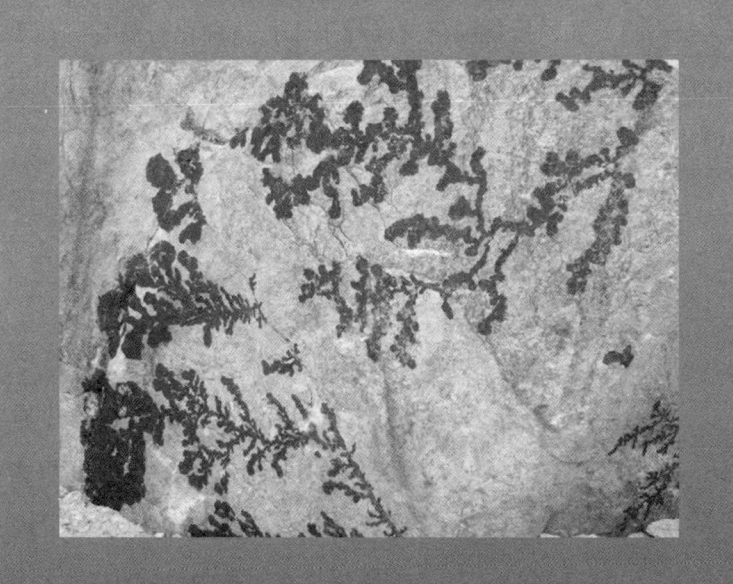

永远的烙印——植物化石概述

植物化石的类型

当部分植物体落入沉积物或其他一些保存介质（如琥珀）中时，就可能形成植物化石。整个植物体保存为化石的微乎其微。后来发生在植物碎片上的变化决定了化石最终能够产生的信息类型。当覆盖的沉积物在植物碎片上集结，使它垂向压扁，就产生了压印化石；这种压实作用使植物组织扁化成一层薄的碳膜，称为植物膜，如果植物膜仍然保存下来，这种化石就称为压型化石；但如果它在地质变化中（如压实作用和热）或化石暴露后被剥蚀掉了，这种化石就称为印痕化石。

压印化石保留了植物碎片的形状和一些表面细节，尤其原先就是扁平的器官，例如叶子。一般我们劈开岩石，这种化石就会暴露出来。它们几乎不需要额外的准备工作，因为扁平的植物碎片通常埋入与后来形成的岩层面平行的沉积物中。这种化石通常要求用细针和小凿子进行小范围的雕琢（有时称为修雕法）。大多数三维器官，尤其是柔弱的植物器官，例如花，压实作用使它们严重变形。对于这种压型化石，有人做了一些解除压实作用的尝试，但并不理想。岩石劈开的断裂面通常经过植物化石较光滑的表面，而且常常产生原始连接结构，例如，包埋于岩石中的生殖器官。将岩石置于载玻片上或透明的树脂中，用氢氟酸溶解可以从中分离出植物化石，我们就可以从两面观察压型化石，这对解释许多标本都有很大帮助。

如果植物碎片周围的沉积物在强大的压实作用之前变得硬化，就可能部分保存碎片的三维形式。例如，在某些沉积类型中，富集的矿物（如菱铁矿）可能会迅速包围植物碎片而形成囊状的瘤形物。植物组织至少部分腐烂，但瘤形物中留下的空腔或后来矿物充填而形成的铸型能揭示植物的大量细节。这种化石被认为是自生矿化作用形成的。与压印化石类似，它们可以直接用来研究，或制作一个乳胶铸型产生原先植物碎片的复型。通过扫描电镜的观察，自生矿化作用形成的化石甚至能够揭示出单个细胞非常精微的表面细节。有时，果实的自生矿化化石仍含有孢子，它们可用于显微研究。

如果沉积物本身不易被压实（如沙子），植物体的坚韧部分（如木材和种子）就可以形成模型和铸型。当周围的沉积物硬化后，内含的植物组织腐烂，形成的空腔称为模型化石。如果该模型化石被沉积物或矿物质充填就形成铸型化石。

茎的中央空腔或柔软易分解的细胞组织可以形成另一种铸型化石。茎干落入水中，在周围的组织腐烂之前，它的中央空腔可能被沉积物充填。周围组织腐烂后，就保留了内部空腔沉积物的铸型，这称为髓核。木贼科植物和科达科植物化石特别容易通过这种方式保存。

大多数化石保存了原来植物碎片的形状，而且可能具有精细的结构，例如孢子囊。古植物学家一直在寻找这种保存解剖细节的化石，因为它们为植物亲缘关系提供了确凿的证据。角质层是最常保存解剖的化石植物产物之一。这种大多数陆生植物所具备的外部"皮肤"能揭示出紧挨其下的表皮细胞细节，包括具有鉴别性特征的气孔、毛和腺体。为了观察角质层，我们需要用氢氟酸溶解岩石，将化石分离出来，然后用强氧化剂溶解炭化的植物组织，例如舒氏液（一种硝酸和氯酸钾的混合物）。接着把角质层放入碱性溶液中清洗，最后架在光学镜或电镜上观察。孢子和花粉的外壁由孢粉素构成，它们同样可以抵御腐烂，并且与角质层一样可被用于研究。

石化化石显示了精美的解剖细节。植物体在发生溃烂和重大的压实作用之前，溶液中富含矿物质的流体（如方解石和硅石）渗入植物体而形成这种化石。细胞本身被矿物质浸透，因而保存了自身的形状。有时，细胞壁保存为一薄层碳膜，包围了细胞内含物的矿物交代物。另外，还有细胞壁本身也被矿物质取代的情况。通过化石切片，我们可以揭示出植物碎片的详细解剖。

传统上，人们通过磨制的薄切片来研究石化化石，这类似那些用于研究岩石成岩的方法。然而，植物化石如果保存了碳质的细胞壁，化石撕片技术可能会产生更好的效果。我们在抛光化石扁平表面后，在酸中短暂地侵蚀而溶掉一薄层矿物质，然后用丙酮液注入突出的碳质细胞壁，再贴上一层薄的醋酸纤维膜。最后，从化石上揭掉这层包埋细胞壁的醋酸纤维膜。这样，醋酸纤维膜中就保存了一层化石薄膜。在显微镜下，我们可以观察植物组织的解剖细节。

石化化石的形成条件是很特殊的，例如与火山相关的生境或植物碎片被浸泡在海水里。因此，石化化石远比压印化石和铸型化石少。我们从石化化石中获取的信息只有在更广泛的压印和铸型化石记录的背景中去考虑，并结合完整的植物化石记录，才能对过去的植物生活获得尽可能全面的认识。

哪里可以发现植物化石

植物化石通常被发现于沉积岩中。然而，我们一般在非海相地层中才能发现保存最好和最丰富的植物化石。河流及三角洲沉积中最有可能发现植物化石，尤其是三角洲湖泊相，因为其沉积颗粒较细。三角洲内水位较高时，植物碎片腐烂缓慢，因而更有可能被包埋于沉积物中。如果沉积作用非常慢，植物碎片就聚集成泥炭，它们在地质时期将形成煤。如果沉积作用较快，植物碎片就被埋藏于泥沙中，最后变成上述的压印或铸型化石。这两种情况都可能发生在连续的沉积旋回中，形成由含植物化石的沙岩和泥岩隔开的煤层，例如欧洲和北美东部晚石炭世的成煤层序（煤系，Coal Measures）。

如果泥炭区被海水淹没，泥炭中就会形成矿物沉积，例如方解石瘤状物。这个过程如果发生于植物溃烂之前，矿物质就会浸透植物组织并在细胞内结晶，从而形成石化化石（如上一小节所述）。已知最好的例子是产自欧洲和北美晚石炭世地层中的煤核。

如果三角洲内水位较低，植物腐烂较快，而且不易积累泥炭。沉积物被氧化，形成了红色岩石，它可以被用来识别低水位条件。在这种条件下，植物碎片也可能被包裹在沉积物中，但它们一般形成化石的机会不如水位较高时大。

火山地貌一般很不稳定，而且沉积物经过很大的再造作用，因此，我们很难从中发现植物化石。这种环境中，地表水通常富含矿物质，它们可使植物碎片形成石化化石。著名的莱尼（Rhynie）燧石层就是一个例子，泥盆纪积累的泥炭被富含矿物质的水体淹没时形成了这种沉积，其中保存了早期陆生植物精

美的内部解剖。

在湖泊及海岸沉积中，可能会有从海岸植被中漂移来的植物碎片。牛津郡侏罗纪的石场"板岩"植物群就是一个例子，在那里发现了植物化石（包括松柏类植物和真蕨植物的碎片）和海相动物的残骸（如双壳类）。另一个例子是肯特郡的谢佩岛的植物群，其中含有第三纪的植物残骸以及鲨鱼的牙齿和螃蟹的残骸。这种经过搬运而产生的植物群，分异度和保存状况有时很差（尽管不能针对谢佩岛的植物群而言），但它们可能保存了与那些发现于三角洲沉积中不同的植物残骸。

植物化石的命名

就自然科学的各方面而言，标本命名在古植物学中是非常重要的。如果没有一个准确记录发现的方法，学科超越单个物体的描述而发展是不可能的。我们通常应用一个与植物学中非常相似的命名系统给植物化石命名，毕竟植物化石是曾经生活的植物残骸。（此处不详细讨论植物命名法。）占植物命名方法哟一个要点与现代植物命名不同，而且经常引起混淆。植物化石几乎不能用与现生植物同样的方式来命名，因为大多植物残骸仅是原先植物的碎片，所以我们无法得到整株植物。古植物学家必须借助于一个命名系统，给予这些植物的离体部分不同的属名和种名。最常用的例子之一是晚古生代高大的石松植物化石，它们的不同部分被归入不同的属，在这种情况下它们被叫做形态属：根座属用于命名根结构，鳞木属用于茎的名字等。在每个形态属中，种是基于相关器官的性状，而不是基于对整个植物原先自然种群的了解。例如，大多数石松植物的根结构难以区分，人们倾向于将它们归入单个形态属种。茎形态属主要基于变化很大的叶座性状。人们已经识别出许多不同的茎形态属种，但其中一些可能只代表了同一自然种内的变异甚或是植物不同部位之间的变异。古植物学家通常尽可能使形态属成为自然类群，他们通过组合特征来完成这个工作,例如角质层的表皮结构,但这种方法不太容易确定形态属与自然的整体植物分类单位的关系。

不同的化石保存类型也能产生不同的形态属种名,每种保存类型可以获取不同的信息。因此,我们难以确信正在研究的化石是否是同一分类单位的残骸。石化化石能够提供植物器官详细而丰富的细胞结构信息,但难以解释它的整体形态。相反,压印化石虽然能够清楚地显示器官的形状,但是它可能几乎没有结构。

形态分类单位命名的主要缺陷是,对于一个给定的组合物,它大大增加了种的数目,而且对原先生物种类的分异度产生了误导。植物碎片在保存前经历的搬运和石化过程大大歪曲了这种信息,以致在这种情况下命名并不是真正的问题。因为化石记录远远超出了生物分异度扩增的问题,所以形态分类单位的记录方法比较准确。

有时,形态分类单位方法遇到的另一个问题是"整株植物应该叫什么"。易于复原的小草本植物通常不会出现这个问题,而且它们常常使用与现生植物相似的方法来命名。对于大型的植物就存在困难了。然而,它可能只是一个理论性的问题,因为很少要求对所复原的乔木状整体植物种命名。教科书中看到的许多复原图已经综合了多种信息。我们也许知道了球果和茎形态种具有机连接或非常相似的茎与根形态种是相连的,但是完整地复原一个植物种各个部分的例子还是非常少的。复原提供了一个植物整体类群可能的模型,但它们并不是真正由正式的植物命名法规建立的分类单位。因此,我们可以给这些理论上的复原起一个非正式的名字,如鳞木。它通常来源于大多数已知器官的正式名字(即茎干的名称)。

化石：生命演化的传奇

细说远古植物

地球这个美丽的家园从荒凉贫瘠到现在的充满生机，经历了漫长的地质历史时期。海洋中的生命早在距今约5.5亿年前的寒武纪时就已初具规模，之后，随着这些顽强生命的不断进化，陆地也逐渐披上了绿装，那么，我们还能否找到这些古代生命前行的足迹呢？

我们知道，最早登上陆地的植物只是一些低矮的低等植物，如苔藓、地衣等。这些低等植物虽然身材矮小，但是生命力却极强。它们作为登陆的先驱，使陆地上恶劣的生存环境得到改善；使坚硬的大地开始逐渐松软、肥沃。而这些生命先驱者的身影，我们只能从化石中去寻觅了。

维管植物

维管植物是一种有木质部和韧皮部的植物。据统计，目前存活的维管植物有25万~30万种，其中包括极少部分的苔藓植物、蕨类植物（松叶兰类、石松类、木贼类、真蕨类）、裸子植物和被子植物。木质部中大多只有管胞（木质部的输导结构之一），因此这些植物也被称为管胞植物。根据化石记录的信息，原始的维管植物，在距今3.6亿～3.7亿年以前的中泥盆纪，就已朝着不同的结构演化了。但也有人认为，现存的维管植物都是由同一路线演化而来的，并认为它们起源于同一个祖先，拥有许多共同特征。

但是，英国科学家认为，4亿年前就已经绝迹的库克逊蕨属植物，是目前地球上绝大多数陆地植物的始祖。库克逊蕨属植物含有导水的脉管组织，但是其外形非常简单，因此人们对它们是不是真正的维管植物，一直以来都不敢确定。

20世纪80年代，有关专家发现生有孢子囊的库克逊蕨标本上存在气孔。这也就证明库克逊蕨属植物很可能是一种维管植物。1992年，爱德沃兹在保存很好的泥盆纪化石标本中，又发现了库克逊蕨植物的维管组织。从这个标本中，我们可以看到它高仅有几厘米，只由纤细的、没有叶或刺的分叉茎轴构成，但是它的顶端一般都有细小的孢子囊。库克逊蕨属植物最早发现于威尔士及其边疆地的志留纪（距今4.39亿～4.09亿年）和泥盆纪最下部的地层。另外，在爱尔兰、捷克共和国、利比亚和玻利维亚的同期地层中也有发现。已知维管植物的最古老的化石，出自爱尔兰蒂珀雷里的文洛克系（现为国际中志留统的专名）地层。

维管植物具有孢子体世代和配子体世代。孢子体非常发达，具有根、茎、叶等营养器官，并能产生具有孢子的孢子囊。低等维管植物的配子体可以独立生活，但是形状细小，结构简单。到了种子植物，配子体则有所退化，只剩下几个细胞在孢子内发育。

维管组织的发育是确保陆生植物生存的关键因素之一。而认识维管组织是

如何发育而来,又是何时发育的,是非常重要的。当然,这些答案我们都只有从现存的植物化石中去寻找了。

1. 蕨类植物

蕨类植物是植物中主要的一类,是高等植物中比较低级的一门,也是最原始的维管植物。蕨类植物也称为羊齿植物,它和苔藓植物一样都具有明显的世代交替现象,无性生殖则产生孢子,有性生殖器官具有精子器和颈卵器。

蕨类植物大都为草本,少数为木本。蕨类植物孢子体发达,有根、茎、叶之分,不具花,以孢子繁殖,世代交替明显,无性生殖世代占优势,通常可分为水韭、松叶蕨、石松、木贼和真蕨,共五纲,共约12 000种,大多分布于长江以南各省区。多数蕨类植物可供食用(如蕨)、药用(如贯众)或工业用(如石松),包括原始的脉管类,例如蕨类、木贼和石松,这三种植物,有同样的发展史,都是在泥盆纪开始出现的。繁殖过程中,所有的蕨类植物都需要静止的水,新生的植物只能存活在肥沃的地方。因此,不容易在整年干燥的地方或四季变化极大的地点看见它们的踪迹。

但是蕨类植物的孢子体远比配子体发达,并且有根、茎、叶的分化和由较原始的维管组织构成的输导系统,这些特征又和苔藓植物不同。蕨类植物产生孢子,而不产生种子,则有别于种子植物。蕨类植物的孢子体和配子体都能独立生活,这一点和苔藓植物及种子植物均不相同。总之,是介于苔藓植物和种子植物之间的一个大类群。蕨类植物对于蕨类植物的分类系统,由于植物学家意见不一致,曾经把蕨类植物作为一个门,其下五个纲,即松叶蕨纲、石松纲、水韭纲、木贼纲(楔叶纲、有节纲)、真蕨纲。前四纲都是小叶型蕨类植物,是一些较原始而古老的蕨类植物,现存在较少。真蕨纲是大型叶蕨类，是最进化的蕨类植物，也是现代极其繁茂的蕨类植物。中国的蕨类植物学家秦仁昌将蕨类植物分成五个亚门，即将上述五个纲均提升为亚门。

　　蕨类植物是高等植物中比种子植物较低级的一个类群，旧称"羊齿植物"，志留纪晚期开始出现，在古生代泥盆纪、石炭纪繁盛，多为高大乔木。二叠纪以后至三叠纪时，大部分已灭绝，大量遗体埋入地下形成煤层。现代生存的大部分为草本，少数为木本，主要生活在热带、亚热带湿热多雨的地区。孢子落地萌发成原叶体，其上产生颈卵器，受精卵在颈卵器内发育成胚胎。库克逊蕨属植物出现后不久，化石记录中又出现了另一类型的维管植物——工蕨属植物。早期的工蕨属植物，如工蕨属化石，在利比亚和玻利维亚的同期地层中也有发现。

　　工蕨属植物和库克逊蕨属植物一样具有裸露的、二叉分枝的茎轴，这种茎轴是从基部的大量垫状茎上生长出来的。然而，与库克逊蕨属不同的是，工蕨属植物一般较为高大。更重要的是，它的孢子囊并不是着生在茎轴的顶端，而是在茎轴的侧面。同时，它的孢子囊比库克逊蕨属植物要高，其孢子囊由两个瓣片构成，并沿着一定的开裂线裂开。

　　工蕨属植物最初复原为一种半水生植物。但是，从其化石标本来看，它们的茎轴上覆有气孔，因此它们可能完全是陆生植物。有趣的是，工蕨属植物的气孔似乎只有半个环形保卫细胞，而不像其他维管植物那样有一对保卫细胞。

　　从出自下泥盆统中部地层的化石来看，工蕨属植物并非都是没有叶子的。沙顿蕨属就是已知的最好的具有叶子的工蕨属植物。沙顿蕨属的茎轴曾被归入裸蕨属中。然而，在它的带叶茎轴中，却发现生有两瓣与工蕨植物非常相似的孢子囊。其实，沙顿蕨属和工蕨植物都是属于相同

的植物类群（通常隶属于工蕨属植物纲）。

戈氏蕨是另一种发生变异的工蕨属植物，它的化石被发现于威尔士的下泥盆统地层。它的茎轴没有叶子，非常像工蕨属植物，而且单个孢子囊也极为相似。但是，它的孢子囊并不是聚集在茎的末端，而是纵向地分布于茎上端。工蕨属植物是早泥盆纪植被中的重要组成成分，但却衰退得非常迅速，到晚泥盆纪时就已灭绝。然而，它们是石松植物的祖先类群。

三枝蕨植物是早泥盆纪时，莱尼蕨植物中产生的第二大植物类群。它们保留了许多莱尼蕨植物祖先的特征，茎轴通常都是裸露的，或者仅仅覆有小刺，其孢子囊通常着生于茎轴末端。然而，三枝蕨植物的结构要比其祖先复杂得多，代表了一种演化上的进步。

与莱尼蕨植物不同的是，三枝蕨植物的孢子囊有很明显的纵向开裂缝。这样，三枝蕨植物成熟时要释放孢子就要容易得多。大多数三枝蕨植物的孢子囊束都非常相似，如果没有发现母体植物，就很难将它们归类。因此，那些分离保存的三枝蕨植物的孢子囊束，通常被归入同一形态属：道森蕨属。

三枝蕨植物化石的重要性在于三枝蕨植物可能至少与两个或三个其他植物大类群的祖先有关。正如前裸子植物可能是所有后来的种子植物的祖先类群一样，三枝蕨植物是现今大多数高等植物的祖先。

除蕨类植物外，木贼属植物也是维管植物的重要组成成分。木贼属植物化石的发现，在对远古植物研究中起到了非常重要的作用。

晚石炭纪时，随着芦孢穗科的出现，木贼属植物体型达到最大。而芦孢穗科比较偏爱较为潮湿的地方，因此在湖畔地区生长非常繁茂。欧洲、北美和中国的晚石炭世地层中，它们的化石记录就极其丰富。在中国，它们的存在一直持续到二叠纪。

像大多数木贼属植物一样，芦孢穗科植物的茎中央也有脊状的髓腔。由于这种植物在死亡后经常会被沉积物充填，这样形成的髓核化石通常被归入形态属芦木属。芦木属髓核化石有一个非常明显的特征，这种化石在着生较低枝序的部位会显著变窄，而茎外部的压型化石虽然不太普遍，但它们更加清晰地显示了当时枝着生的痕迹。因此，人们根据其化石标本对当时乔木的大体外貌进行了复原。

芦孢穗科植物是木贼属植物中较为特殊的一种，它的茎中已经发育了次生木质部，能使它们长到10米，其主干从匍匐的根状茎上长出，具有典型的节（木贼植物大多长有节），节上再长出枝来，在植物的上部还长有叶子。这些枝本身又产生几级分枝，形成一种乔木状植物，人们把它描述为"巨大瓶状灌丛"。

木贼属植物在晚古生代还繁盛于温带纬度地区，如盘叶属。这种化石产自冈瓦纳大陆的下二叠统地层。它有点像产自热带的、着生在石炭纪芦木属植物上的叶轮，但每轮叶子基部已经融合，形成了一种围绕茎轴的盘状叶鞘。这种植物的生殖结构虽然还不能确定，但叶鞘的存在表明它很可能就是原始芦孢穗科和现代木贼科之间的一种过渡类型。

叶囊属是另外一种产生瓦岗大陆的木贼属植物。它与同期热带植物群中的高大芦木属植物相比，植被的规模与现代化木贼属植物类似。它的孢子也与现代木贼属植物一样，基部已经融合成为明显的、围绕着茎轴的叶鞘。然而，其孢子叶球却是由交替轮生的苞片和孢囊柄所构成，但孢囊柄的结构更为复杂。它的孢囊柄经过两次分枝，产生四个盾状头，且每个头上着生有四个孢子囊。近年在南非出产的化石表明，叶囊属是一种生长在浅湖畔的稠密丛生植物，可能是当时开始出现的一些大型脊椎动物的主要食物来源。

与现代木贼属植物相对应的化石发现于第三纪地层，而且被确定是现生的木贼属无疑。然而，中生代和古生代最晚期的地层中，也发现了类似的木贼属植物化石。但是，人们对这些化石知道得却极其微少，其实它们与现生木贼属植物还是有着细微差别的。因此，这些化石被称作拟木贼属。

从拟木贼属的茎化石来看，拟木贼属具有和木贼属同样发达的鞘，但茎却要粗大得多。这也就是说，它可能已经有了一些次生生长。对于这些乍一看可能有些迥异的类群，化石的记录将揭开它们递变过程的神秘面纱。

石松类不仅包括一些现代植物，而且，还包括许多已绝灭的类群，也属于蕨类植物。石松类化石对于原始维管植物进化的研究具有非常重要的意义。其原始类型多是小型草本植物，于泥盆纪早中期（距今3.45亿～3.95亿年）出现。在距今2.25亿～3.45亿年的石炭二叠纪出现了许多乔木状类型。次生组织很发达，其中有些类型，例如鳞木和封印木，根与茎之间具有外貌似根而具茎的结构的根座（器官属名）。事实上，真正的根是从根座生出的。古生代之后，这些植物后代的茎与叶都发生了变化，根座随之变小，根状体也随之变小；然而它们的次生组织就不是很发达，例如现代水韭和剑韭中，根状体更为简化。

石松类最早出现于早泥盆世早期，石炭二叠纪最为繁盛，是一种非常古老的植物。乔木类型的鳞木和封印木与楔叶类的芦木属共同在北半球热带沼泽地区存活，由于较为发达，数量较多，于是就形成了森林。古生代以后石松纲逐渐衰退，而木本类型几乎绝迹，发展到今天也只有5个属。

石松类为小型叶且无叶隙，具有真正的根和叶，叶具单脉，螺旋状或直行排列，遍布茎枝。茎枝多为两歧分叉，有的叉枝等长，也有的不等长。叶和孢子叶较小，然而出现在石炭二叠纪鳞木类的叶却长达1米之多。孢子叶较为密集，通常形成孢子叶球。而且在每个孢子叶腹面基部生长着一个孢子囊，孢子有时同形，也有时为异形。

孢子叶通常不聚集成孢子叶球，石炭二叠纪的鳞木目植物具有异形孢子（大、小两种孢子）和孢子叶球（由孢子叶聚集而成）。其中的鳞籽具有类似种子的器官，是一个典型代表。鳞籽的大孢子叶的叶片部分将孢子囊包裹，仿佛种子披了珠被。其上部具有一个狭窄的开口，而且找不到胚胎，鳞籽常常与孢子叶同时脱落。

石松纲是蕨类植物门中的一门，是由石松类构成的，然而也有作为亚门或门的。作为石松纲通常可分为以下六个目：

（1）镰蕨目。这是一种小型草木，没有叶舌，也没有叶座和叶痕。孢子同形，发现于泥盆纪。

（2）原始鳞木目。绝大部分是草本，没有叶舌，叶座有时不清晰，通常没有叶痕。孢子同形，于泥盆纪至早石炭世出现。

（3）鳞木目。为乔木状，具叶舌、叶座和叶痕。孢子异形，于石炭纪至二叠纪出现。

（4）水韭目。属草本，具叶舌。孢子异形，出现于三叠纪到现代。

（5）石松目。草本，没有叶舌。孢子同形，于晚泥盆世到现代。

（6）卷柏目。草本，具叶柄。孢子异形，出现于中石炭世到现代。

维管植物的孢子体可以由有性生殖的合子，或无性生殖的植物体的一部分或单个细胞形成。合子经过不断地细胞分裂，形成胚，从中分化出根端分生组织与茎端分生组织（见顶端分生组织）并建立起体轴系统。由胚发育成幼苗，并分化出各种组织系统。孢子体世代产生或多或少的孢子囊，每个孢子囊中可产生几个或多个孢子。产生孢子时，都经过细胞的减数分裂，染色体减半。由孢子中发育出配子体，从中形成颈卵器与精子器，或者形成更简化的样式。配子体中产生卵子（雌配子）与精子（雄配子）。卵子与精子结合成为合子，从而又开始新的孢子体世代。

2. 前裸子植物

这一类被认为是种子植物的祖先。它最早出现在泥盆纪，有的为中等大小的树，有的则像蕨树。

它们既具有真蕨纲的性状，也具有松柏纲的性状。它们有比较复杂的三维空间的枝系，末级枝扁化成叶状枝；在高级的类型中末级枝条扁化成叶并具叶脉。茎内有形成层，产生次生木质部，木质部管胞径向壁上具裸子植物特有的具缘纹孔。生殖器官为孢子囊，有的为同孢，有的孢子囊中的孢子形态有大小的分化，有的具大型的孢子，有的具小型的孢子，大小相差2～10倍。

本类植物可暂属真蕨纲，也有人认为可属裸子植物纲，或单独列为一纲甚至亚门或门。前裸子植物亚纲分为3目：

(1) 戟枝木目。出现于中泥盆世到晚泥盆世，以戟枝木和四列木为代表。戟枝木是乔木，有的高达10米，有主茎和枝系之分，侧枝长约1米，螺旋状排列，向着3个方向生长。末级枝系两歧分叉，形如叉戟，但未扁化。四列木也是乔木，形态接近于戟枝木，但侧枝对生，交互排列，向着四个方向生长。末级枝系两歧分叉，扁化如叶。

(2) 原始髓木目。以原始髓木为代表。乔木状，茎的直径可达45厘米。茎横切面中央为椭圆形的髓，髓的两侧对生出内始式初生木质部，次生木质部管胞径向壁上有一系列圆形具缘纹孔，也有呈椭圆形的如梯纹纹孔。茎的侧向附属物互生或两列状伸出。生殖枝二歧分叉，孢子囊纺锤形，羽状排列于小枝顶端。可能有同孢，也有异孢。

(3) 古羊齿目。本目的代表是古羊齿属。它们是较高的塔形乔木，高达25～35米，直径达1.6米，出现于晚泥盆世到早石炭世初期。茎干上部多次单轴式分枝，组成巨大的树冠，有主枝和二三级侧枝，末级枝交互对生地着生古羊齿型的单叶和叶间（托叶），叶具扇状脉。茎为有很发达的次生木质部。木材曾在器官属美木名下记载。初生木质部中始式，次生木质部具一至多行交互排列的圆形具缘纹孔。侧枝横切面显示有枝迹和叶迹，而无叶隙，中央具髓，与松柏植物密切。孢子囊一至多排着生于小枝上变形叶的近轴面，大小相同，外形相同的孢子囊，有的为同形孢子，有的则具大型孢子或小型孢子，大小相差2～10倍。到了中泥盆纪时，许多原始的陆生植物变得越来越高大，但它们茎轴的初生构造却对自身的生长有所限制。不过，植物在对环境的不断适应中通过发育和次生生长，克服了这种局限性，尤其是次生木质部的发育。

初生木质部是由植物的茎和根的顶端产生的，称为顶端分生组织。它不断地分裂产生新的组织。在这个生长点稍后的部位，新的细胞群会分化出植物中

的主要组织，如初生木质部和初生韧皮部。次生生长的过程是由侧生分生组织，或维管形成层的活动来完成的。次生生长所形成的次生木质部和稍少的次生韧皮部，就会使植物的茎逐渐增粗。最终，一些植物发展为地球上曾经存在的高大乔木。

其实，人们在中、晚泥盆纪的地层中早就发现过木材化石。但由于对母体植物的种类不能确定，因此一直没有对外公布。人们推测，在这一时期可能就已存在松柏类植物。但是，在对相应化石的研究中，专家们并没有发现松柏类植物的叶子和生殖结构。直到20世纪60年代，美国古植物学家查理·贝克发现，一些泥盆纪的乔木也生有与真蕨植物有亲缘关系的叶子和孢子囊。直到这时，当时发现的木材化石的母体才得以确定，也由此产生了前裸子植物的概念。

前裸子植物是指一类由蕨类过渡到裸子植物的已绝灭的植物类群。它们有较为复杂的三维空间枝系，最末断的枝杈也扁化成了叶状枝；较为高级的前裸子植物的末级枝条不仅已扁化成叶，而且已经开始有了叶脉。另外，前裸子植物的茎也已进化成有双向形成层的茎，并产生了次生木质部和次生韧皮部，其木质部管胞的径向壁上还有裸子植物特有的具缘纹孔。前裸子植物的生殖器官为孢子囊，其中有的是同孢。而在有的孢子囊中，孢子的形态也会有大小的分化。

人们已经从发现的植物化石中，认识了几种不同类型的前裸子植物。其中，最早的类型可追溯到中泥盆纪时的吉维特期，如产自苏格兰北部的小原始蕨属。它的主干中也有次生木质部，所以它应该是一种很结实的植物。它没有明显的叶子，但具有极不规则的分枝和三维轴束。小原始蕨属的肾形孢子囊成束地生长在轴的末端，而这些轴本身又着生在较低级序的枝上。

人们又在斯匹次卑尔根岛和费尔岛的地层中发现了一种植物残，这种植物被列入斯瓦巴德蕨属。从该植物的化石来看，虽然它具有深裂的、叶片化组织极少的叶子，但最早显示了叶片化的迹象。这些最初的叶片，有点类似于某些二枝蕨植物的营养枝。其孢子囊也与小原始蕨属的相似，有长形的、

化石：生命演化的传奇

纵向的开裂缝，并且沿着异化的生殖枝或孢子叶的侧部生成两排。

在欧洲和北美的上泥盆统地层，专家们发现，这儿广泛地存在着一种稍微高级的前裸子植物的叶化石，这些叶化石被称为古羊齿属。它的孢子与那些斯瓦巴德蕨属的孢子相比较，我们就可以发现异孢性植物会产生两种大小不同的孢子，这一特性被称为异孢性。而产生的这些大小不同的孢子中，较大的孢子会萌发产生雌配子体；较小的孢子萌发形成雄配子体。这就是种子习性出现的前身。另外，古羊齿属和斯瓦巴德蕨属的不同之处，还在于前者具有片化的叶子，且叶片间具有完整的叶脉。

3. 被子植物

被子植物（Angiosperm）又名绿色开花植物，在分类学上常称为被子植物门，是植物界最高级的一类，是地球上最完善、出现得最晚的植物，自新生代以来，它们在地球上占着绝对优势。现知被子植物共1万多属，约20多万种，占植物界的一半，中国有2700多属，约3万种。被子植物能有如此众多的种类，有极其广泛的适应性，这和它的结构复杂化、完善化是分不开的，特别是繁殖器官的结构和生殖过程的特点，提供了它适应、抵御各种环境的内在条件，使它在生存竞争、自然选择的矛盾斗争过程中，不断产生新的变异，产生新的物种。被子植物的习性、形态和大小差别很大，从极微小的浮草到巨大的乔木桉树。大多数直立生长，但也有缠绕、匍匐或靠其他植物的机械支持而生长的。多含叶绿素，自己制造养料，但也有腐生和寄生的。有几个科的植物是肉食的，如猪笼草科（Drosera）植物以昆虫和其他小动物为食物。许多是木本植物（乔木和灌木），但多为草本，草本被子植物比木本植物具有更进化的特征。多数异花传粉，少数自花传粉。花粉粒到达柱头后即萌发并产生花粉管，通过花柱向下进入子房腔。花粉管前端有管核和生殖细胞。随着花粉管的发育，生殖细胞分裂成两个雄配子。花粉管一般通珠孔进入胚珠。花粉管进入雌配子体后，顶端破裂，两个雄配子释出，进入雌配子体的细胞质内。其中一个雄配子钻入卵细胞内，与之融合而受精。受精后产生的合子常发育成胚。另一个雄配子同雌配子体的其他两个核（极核）结合（或同两极核预先融合成的一个核相结合）形成胚乳核，胚乳核产生胚乳，用以贮藏养料。两个雄配子均参加融合过程，这称为双受精作用，为被子植物所独有。被子植物是植物界中出现得最晚，且生命力最强的植物类群。据统计，全世界约有被子植物400多科。目前被子植物占据了地球上大部分的陆地空间，是世界植被的主要组成成分。

单子叶植物是被子植物中的一种，其叶脉一般都是平行脉，其种子通常只有一枚子叶，单子叶植物绝大部分为草本植物，只有极少数为木本植物。

单子叶植物的维管束较为分散，筛管的质体内含有楔形蛋白质。单子叶植物中除百合目的一部分植物外，其维管束通常没有形成层。另外，它们的茎和根一般不会有次生肥大生长。即使有些植物有这种生长，其形成层也不同于双子叶植物，即次生韧皮部和次生木质部都形成于形成层的内侧。

人们普遍认为，单子叶植物是由已灭绝的原始双子叶植物，如毛茛类或睡莲类的祖先演化而来。H.休伯尔认为，单子叶植物和毛茛类双子叶植物是由同一个自然单位的极端形成。也就是说，单子叶植物起源与毛茛类的祖先有关。而克朗奎斯特则认为，能作为单子叶植物起源的双子叶植物，应是草本的、形成层活动力较弱、有正常花被（即花被并无特化）和单孔花粉的类群。在现存的双子叶植物中，只有睡莲目具备此类特性。虽然，它并不是单子叶植物的直接祖先，但在前单子叶植物的双子叶植物中，有与睡莲目极为相似的化石，被发现于晚白垩纪阿尔比期。

禾本科是单子叶植物鸭跖草亚纲中的一科。禾本科植物大多为一年生、多年生或越年生草本植物。禾本科植物的根系为须根系，由茎的基部发出较多的纤维状不定根，或从匍匐根状的茎节上生出纤维状根，这种植物的叶由叶鞘、叶片和叶舌构成，有的还有叶耳。

禾本科植物在进化过程中，主要朝着简化的方向演化。它的花朵小巧精致，通常只有雄蕊与雌蕊。这种植物的花被退化为极小的鳞被，由特化的稃片包藏着。小花连同它下边的颖片（即不孕苞片）共同组成小穗，每一小穗，实际上就是一高度特化了的穗状花序。禾本科植物在营养和繁殖器官上都有所特化，特别是其花部在系统发育上为适应风媒而在原结构上高度简化，一般认为它是进化中处于高级阶段的一个科。

禾本科的祖先在中生代白垩纪时就已出现，根据地史演变和有关化石资料推断，冈瓦纳古陆可能是禾本科的起源和分化中心。随着大陆漂移、海陆变迁、气候条件的改变，由原始的喜热湿类群适生于变寒或变旱的环境下，不断演化发展为现代遍布全球的式样。

双子叶植物中的蔷薇亚纲与柳叶菜科有着较为密切的关系。过去，蔷薇亚纲曾被误归入柳叶菜科。蔷薇亚纲的化石，被发现于北美、阿拉斯加及西伯利亚的晚白垩纪至第三纪。

唇形科是双子叶植物菊亚纲中的一科。通常为多年生至一年生草本植物。该种植株含有芳香油，有腺体或各种单毛、具节毛或星状毛。它的茎呈直立状或匍匐状，枝条成对生长。唇形科植物的叶通常为单叶，叶片为全缘或具有各种齿裂、浅裂或深裂；另外也有极少数的为复叶，大多成对生长。

石竹科化石状花粉和植物遗迹仅见于第四纪。其花粉为球形。石竹科包括三个亚科：大爪草亚科、繁缕亚科和石竹亚科。从其化石标本分析来看，石竹科的三个亚科的演化大致如下：从已经具有膜质托叶的大爪草亚科向无托叶的繁缕亚科和石竹亚科演化，由大爪草亚科中较原始的木本裸果木属向草本的其他属演化。

藜科也是双子叶植物中石竹亚纲中的一科。藜科植物大多为一年生草本植物，少数为半灌木或灌木，也有极少数为小乔木。藜科植物的茎枝有时候会生有关节。从出产的藜科植物化石来看，藜科植物的花粉与苋科和石竹科的极为相似。藜科花粉的识别在孢粉分析中非常重要。如果某一地层中，藜科植物的花粉含量比较大，而同层样品中又包含一些旱生植物，如麻黄、蒿属和禾本科植物，那么，我们就可以大致恢复出干旱性、盐碱化的古植被和古气候。

非维管植物

非维管植物是对没有维管束（木质部和韧皮部）的植物（包括绿藻）的总称。虽然非维管植物缺乏此类特殊的组织，但一部分的非维管植物会有特化来在体内输送水分的组织。

非维管植物没有根茎叶等器具，因为此类结构是由含有维管束来定义的。地钱的裂片可能看起来很像叶子，但因为它们没有木质部或韧皮部，所以不是真正的叶子。同样，苔藓和藻类也没有此类组织。非维管植物已不再使用于科学分类法上头。非维管植物包含了相距遥远的两种类群：

（1）苔藓植物——苔藓植物门、地钱门和角苔门。在此类群中，植物的主要部分为单倍体的配子体，只有少部分的双倍体孢子体则以孢子囊附在配子体上头。因为此类植物缺乏输送水分的组织，它们无法达到大多数维管植物的结构复杂度及尺寸大小。

（2）藻类——尤其是绿藻。现今的研究已证实了藻类确实包括了数个不相关的类群。因为生活在水中和可以光合作用等相同的性质使得人们误以为它们有相近的关系，只是绿藻仍然被认为是植物的一部分。

此两个类群偶尔会被称为"低等植物"，其中的"低等"是指其为最早演

化出来的植物。然而,"低等"植物这一名词并不是很精确,因为它也时常被使用来称呼一些维管植物——蕨类植物和蕨类相关。

在以前,"非维管植物"这一词包括所有的藻类,甚至也包含了真菌。但至今,人们已知道这些类群和植物之间并不很相近,且有着极其不同的生态。

有节植物及化石

有节植物的最主要特点是茎干分节,叶片轮生于节上。现生的有节植物中最为常见的就是木贼。作为中药之用,木贼是生长在沼泽边上的草本植物。但有节植物化石完全不一样,多为高大的乔木,和小叶植物一样,常见于煤系地层中。

我国出产的有节植物化石也相当丰富,比较常见的有以下几类。

楔叶,这是有节植物中比较纤弱的化石,茎干直径一般在5毫米以内,极少数可达2厘米。植物体高度约1米,茎分节,故有节和节间(两个节之间的茎部)两部分。节间有纵向的棱脊条。侧枝从节上生出。由于其茎枝纤细,故有人猜想它是攀缘植物。叶片呈楔形,因而得名。叶片轮生在节上,每轮叶片数常为6枚、9枚、18枚,即是3的倍数。叶脉多为两次分叉,呈扇状脉。叶片的侧缘大多完整,但在顶缘多有变

化——从全缘到齿状缘，一直到深裂的均有。而且在同一株植物体上可以长出不同形状的叶片，这就给鉴定化石带来一些困难，应慎重。楔叶的孢子囊穗也有很多类型，构造各异。它的地质时代从晚泥盆世到三叠纪均有，而在石炭纪到早二叠世最为繁荣。我国的楔叶化石多见于长江流域晚泥盆世地层中。

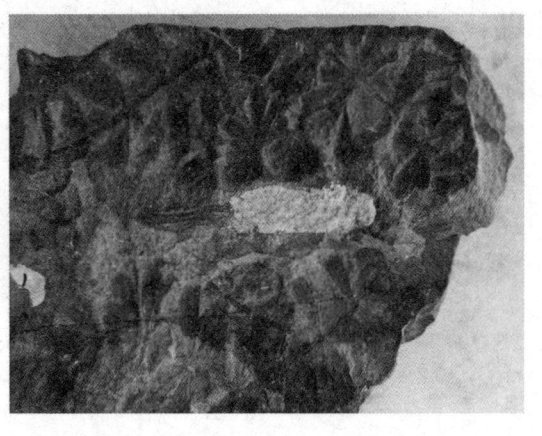

芦木，此为树状的有节植物，植物体为高大的乔木，高可达20～30米。茎干有次生木质部，筒状中柱，有宽大的中央髓腔。茎分节，节间部具纵向沟肋，相邻节间（上下节之间）的沟与肋作互交状排列，或作直通而过。叶片轮生于节上，无叶柄，单脉，分布于晚泥盆世至二叠纪。

我国所产的此类化石有湖南、南京早石炭世地层中的古芦木；辽宁南部和山西等地石炭纪与二叠纪煤系地层中的钝肋芦木；陕北地区晚三叠世地层中的新芦木。沈括在《梦溪笔谈》中所记的"竹笋"化石即此新芦木。他凭此推测陕北一带亘古以前的古地理环境，其学术思想非常难得，为后人论述沧海桑田获得科学的见解。

轮叶，也是常见的有节类化石。叶片轮生于节上，每轮叶片的数目因种而异，从8片到20片不等。轮生叶片展布于一个平面上，此平面与着生的枝呈斜交。叶片具单脉。我国山西二叠纪煤系地层中常有发现。

另一种瓣轮叶，形似轮叶，但

每轮叶片呈左右对称排列，而两瓣之间形成"叶缺"。每轮叶片有16～40枚，各叶片的长短相差很大，位于中间者最长，具单脉，叶轮生，不在一平面上，叶瓣略上弯，到叶片的基部，往往连合在一起，亦多见于山西二叠纪的煤系地层中。

　　还存在一种特殊的化石——钩蕨，产于江苏江阴和南京地区晚泥盆世的"五通组"地层中，它显示出从原始木贼类到楔叶类之间的过渡性状。钩蕨的茎干已经明显的分节，其上部有二歧式分叉，左右对称侧枝，节部略有膨大并生有小叶，小叶前端向前弯曲，如钩状。

羽叶植物及化石

羽叶植物是当今陆生植物中的主导类群，平常我们所见到的各类树木花草几乎都可归入本类。植物体具有真正的根、茎、叶。叶片由茎枝系统扁化融合而成，多具叶柄。

低等的羽叶植物由孢子进行繁殖，而高等的类群则由种子进行繁殖。根据生殖水平的高低程度，羽状植物又划分为三大类：即隐花羊齿植物、裸子植物和被子植物。各大类都拥有很多化石，成为晚期古生代以来直到新生代各地质时期的重要化石。

隐花羊齿植物化石

隐花羊齿植物或称羊齿纲，以孢子繁殖后代，孢子囊位于叶片的腹面，其最古老的代表为枝叶蕨，分布于中泥盆世至早石炭世，我国还未发现此种化石。

我国所见的本类化石基本上是比较进步的类型，常见的有以下几种：

辉木，或称沙朗木，多见于西南地区二叠纪煤系地层中。属于树蕨类型，往往能见到其化石茎干内部构造——茎干中央为复杂的多体中柱，由许多横切面呈带状或弧形的维管束排列成环状，包围在薄组织中。如果保存得很好的茎干，其横切面表现出如"八卦"的图案。有关这种特殊化石，还发生过一段真实的故事。

新中国成立初期，在镇压反革命运动中，重庆市公安局从反动的一贯道道首点传师那里没收到一块石质的天然"八卦"。这个人曾凭着这个"八卦"到处招摇撞骗,形容得天花乱坠,告诉人们"八卦"是天上掉下来的"神物",谁能摸一下"八卦"就能交上好运,谁手中有这个"八卦",就能代表"天神"说话,法术无边等。有些不明真相的人被骗,信以为真,对着"八卦"叩头,烧香点烛。点传师从中敲诈勒索,进行破坏活动,扰乱社会秩序,危害极大。公安局将这块"八卦"辗转到古生物学家手中。经过观察,原来是六角辉木茎干化石的横切面,它显现出"八卦"模样的花纹。

拟丹尼蕨,蕨叶大,一次或二次羽状复叶,中轴较粗,羽片带状,全缘,顶端钝或尖圆,基部明显下延或略收缩。中脉粗茂,侧脉分叉1～2次,彼此连接成网状,基部下延部分的侧脉直接自羽轴伸出。产于陕西延长地区晚三叠世地层中。

贝尔脑蕨,蕨叶大,长达30厘米,一次或二次羽状复叶。羽片长5～6厘米,线形至剑形,基部收缩,只有基部的中心点着生于轴上。中脉粗茂,侧脉细密,分叉数次,呈束状。产于陕西延长地区晚三叠世地层中。

支脉蕨,蕨叶2～4次羽状分裂,小羽片较大,呈镰刀形,故又称镰羊齿。全缘或具锯齿,整个基部着生于羽轴上,顶端尖或圆。叶脉羽状,中脉明显,延到小羽片顶端才消失,侧脉常分叉。产于二叠纪至白垩纪地层中，我国的化石见于二叠纪煤系地层和陕北晚三叠世"延长群"地层中。

裸子植物化石

裸子植物与被子植物（有花植物，显花植物）的区别在于前者胚珠外面无包被物，是种子植物中较原始的类群，一般认为由前裸子植物演化而来。现代约有60属近700种，但它们在中生代，从数量到分布都达到发育的顶峰。追溯其起始时期和起源，可知在晚古生代它们就已在植物群中占有了一定地位。

晚泥盆世末，与古羊齿出现的同时，在美国发现的古籽（Archaeosperma）可能是迄今已知最古老的具种子结构的化石，胚珠成对地着生于掌状分裂的顶枝上，珠被前端为裂片状，向下合拢成管状，形似珠孔，珠心（大孢子囊）中含有四面体形的大孢子。以后在石炭纪又陆续发现多种类型的种子，其裂片状的珠被由分离逐步愈合至完全愈合，在珠心顶端形成珠孔管的演化过程表明，珠被的形成与发展是胚珠形成的极重要环节，目的是使珠心被包围不受外界环境影响，幼胚在成熟前得到保护。

裸子植物包括可能由不同路线进化所形成的若干平行的类群，故目前不再作为自然分类中的一个门，而将各纲递进为门，所以裸子植物包括种子蕨植物门、拟苏铁植物门（本内苏铁植物门）、银杏植物门、松柏植物门，对于分类位置不定的买麻藤植物门，有些学者也将其归入裸子植物。

种子蕨植物门始现于早石炭世，侏罗纪后绝灭。它兼具真蕨植物和典型裸子植物的特征，即具有与真蕨植物无异的大型羽状复叶，但角质层厚，并在叶上着生种子或雄性传粉器官，故名。植物体不大，主茎很少分枝，除部分为乔木或树蕨型外，大多数为较小的灌木或藤本。茎的解剖显示次生木质部薄而皮部厚，与苏铁植物相似，曾有苏铁蕨之称。归入此门的有很多目，皱羊齿目、髓木目、美籽目（芦茎羊齿目）、盾形种子目、兜状种子目、开通目，可能还有五柱木目及舌羊齿目亦被列入种子蕨门。舌羊齿目为具有生长轮的大树，具南美杉型裸子植物木材特征，单网状的舌形叶，生殖器官极为多样化，但仍着生于叶上。

拟苏铁门为已绝灭的类群，仅发现于晚三叠世至白垩纪。植物体与现代苏铁相似或更粗短。不同的是雌雄生殖器官着生于同一植物体内呈两性花状，表皮细胞及气孔器亦不同于苏铁类。苏铁植物门则自晚石炭世起就有过渡型化石发现，从籽羊齿属到幻苏铁属及古苏铁属表明苏铁目是由种子蕨植物演化而来的，化石证据也表明，在古生代、中生代苏铁植物曾有茎干纤细的类型。

银杏植物门现代仅有1属、1种，为著名的活化石，但在中生代尤其是侏罗纪至早白垩世曾是广布北半球暖温带植物区系的重要成员（如 Ginkgoites 和 Baira），有些甚至达南半球（如 Karkenis）。确属本目的较早成员发现于早二叠世，有 Trichopitys、Sphenobaira。近年来有人根据银杏植物门的雌性胚珠特点认为其与种子蕨植物门的盾形种子目有关。本门自白垩纪末起，分布区及属种数量都锐减。

松柏植物门在早石炭世已有化石记录，属于已绝灭的科达目，该目呈乔木状，在晚石炭世晚期至早二叠世为热带植物区主要聚煤植物之一。伏脂杉目介于科达目与松柏目之间，生活于二叠纪至三叠纪，其重要的代表科属如勒巴杉科（Lebachiaceae）、伏脂杉科（Voltziaceae）的生殖器官研究对由白垩世至今繁殖的松柏目的起源具有重要作用。现存的松柏目各科在中生代也都已发现确切的化石依据。

裸子植物最主要的特点四以种子繁殖后代，但其种子的外面没有果皮包裹，种子外露，故名。

第一类裸子植物是种子蕨，本类中最原始的植物，出现于晚泥盆世，故又有古羊齿之名。其茎干化石与松柏颇类似，外形也与羊齿植物相似，但其繁殖器官是种子。它的繁荣期自石炭纪至侏罗纪。

我国常见的种子蕨化石有以下几种：

栉羊齿，多次羽状复叶，因其小羽片排列如栉齿状，于是得名。小羽片基本全部着生于羽轴上，侧边近平行，顶端钝圆或略作收缩。中脉清楚，直达小羽片的顶端，侧脉不分叉或二歧分叉1~3次。此化石出现于早石炭世，繁盛于晚石炭世至二叠纪。中国此类化石较多，见于南京附近以及江西等地的晚二叠世煤系地层（如龙潭组、乐平组）中，亦见于华北各地的早二叠世的煤系（石盒子组）地层中。

蕉羊齿，一次羽状复叶，小羽片长卵形，披针形至线形。全缘，波状或具缺刻，顶端渐尖或钝，甚至圆形、心形、偏斜或下延，下延部分具邻脉。中脉强，达小羽片之顶端。侧脉以锐角伸出，分叉数次。产于二叠纪地层中，分布于南方与华北二叠纪煤系地层中。

单网羊齿，叶大，羽状复叶，小羽片呈长椭圆形，长达14厘米，宽约5厘米，顶端尖，基部圆钝。中脉粗，具两级侧脉，相互交错，构成网状。产于华北及长江流域的二叠纪煤系地层中。

大羽羊齿，大型单叶，长椭圆形，边缘全缘，波状或齿状，叶脉有四级，中脉粗，一至三级侧脉，羽状，三级侧脉构成大眼网，内有细脉结成小网眼，形成重网。见于早二叠世晚期至晚二叠世早期地层中，如南京附近上二叠统"龙潭组"煤系地层内很容易找到。

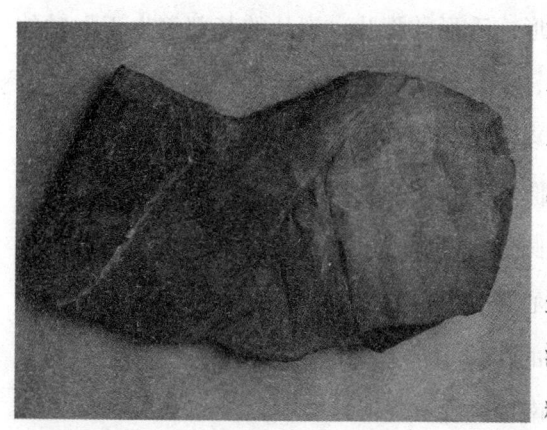

带羊齿，单叶或羽状复叶，叶呈带形，宽5~7厘米，向顶端渐渐变尖。叶缘全或具细齿。中脉较粗，侧脉有时分叉。产于华北地区

晚二叠世"上石盒子组"煤系地层内。

舌羊齿，乔木状落叶植物，单叶，舌形，有柄或无柄，全缘，中脉明显，常贯穿全叶，侧脉斜伸至边缘，多次分叉结成网状。茎的次生木质部发育，通常见于南半球（古时候称为冈瓦纳大陆）晚石炭世至早三叠世地层中。

以上几类化石在我国常见于西藏喜马拉雅山北坡的古生代晚期的地层中，由此可证明，这一狭长地区的这些地层及其化石，是印度板块与欧亚板块主体相撞时从南半球大陆上带来的，故有"南半球来客"之称。

其他如肩羊齿、须羊齿、齿羊齿、延羊齿等常见的古生代晚期的化石均属种子蕨，暂且从略。

到中生代，种子蕨已趋向衰落。我国的化石可以鳞羊齿为代表，它的特点是二次羽状复叶，叶轴较粗，叶轴面上有泡肿状突起，叶轴侧具间小羽片，羽片呈长卵形，互生或对生，排列紧密，产于陕北、广东的晚三叠世地层内。

第二类裸子植物是苏铁植物。它起源于晚石炭世或二叠纪时期的种子蕨植物，繁盛于中生代，白垩纪时开始衰退，至今残存者已不多，常作观赏之用的铁树，便是它们的后裔。

化石苏铁植物多为大型的羽状复叶，少数为单叶，叶革质。顶生，幼叶卷曲，叶脱落以后，其基部则残留在茎上。叶多为平行脉，茎粗。

我国常见的苏铁化石有以下几种：

侧羽叶，叶羽状，分裂成细线形或舌形的裂片。裂片的基部着生于羽轴的两侧，上下两边近平行。叶脉平行，不分叉或在靠近基部处偶见分叉一次。分布于晚石炭世至早白垩世地层中，以三叠纪与侏罗纪为最盛时期。我国此类化石多见于西南地区晚三叠世以及早侏罗世的煤系地层中。

耳羽叶，叶作羽状，裂片呈卵圆形，基部成耳状，上端的耳状发育程度较下端更为清楚，中间略为收缩，成心形，基部包在羽轴上。裂片在羽轴上互生或互相叠复。叶脉呈扇形，在细长的裂片中常近平行。见于晚三叠世至早白垩世地层中，我国此类化石多见于西南地区晚三叠世地层中。

异羽叶，叶羽状，分裂成不规则的短而宽的裂片，裂片以整个基部着生于羽轴的两侧，顶端一般为钝圆或圆形，也有成尖形的。叶脉靠近裂片基部分叉，并与裂片的两侧边平行。羽轴较细。分布于晚三叠世至白垩纪地层中。我国此类化石多见于西南地区晚三叠世地层中。

尼尔桑，羽片披针形或线形，全缘或分成裂片，裂片的变化较大，但基部很少分裂。如羽片全缘，其外形与带羊齿相似；如有裂片时，则与侧羽叶或异羽叶颇接近。不过尼尔桑的裂片或羽片着生于羽轴上面（即腹面），遮盖着羽轴的大部分。叶脉平行，很少分叉。产于三叠纪至白垩纪。我国此类化石多见于西南地区或川鄂边界的中侏罗世地层中。

第三类裸子植物化石是科达植物，属于原始的裸子植物，系高大的乔木，茎干的结构与松柏型植物相近。叶呈线形至披针形，长数厘米至1米，叶脉呈不明显的二歧分叉，几乎平行。最典型的代表就是科达树。我国此类化石多见于华北二叠纪的煤系地层中。

第四类裸子植物化石是银杏类化石，现存的银杏仅一属，有活化石之称。本类化石最初见于二叠纪，可能在晚石炭世时已经出现，到侏罗纪和白垩纪处于全盛时期，广布于欧亚大陆的温带植物区内。自晚白垩世开始衰落，第三纪

化石：生命演化的传奇

时，中欧尚有银杏分布。第四纪冰期以后，北美、欧洲、亚洲的绝大部分地区的银杏均已灭绝，只有浙江天目山的峡谷中保存着野生的银杏。到唐宋时期，由于寺僧的保护与选种繁殖，挽救了濒临灭绝的活化石。此后，传到日本，再传到欧美各地。

我国的银杏化石相当丰富，常见的有以下几种：

裂银杏，叶扇形至半圆形，有明显的叶柄。叶片常深裂为许多窄的线形裂片。裂片成组，对称。叶脉平行，每一裂片内有三四条。分布于晚二叠世至晚白垩世。我国此类化石多见于江西安源晚三叠世的煤系地层中。

似银杏，叶与现生的银杏有些相似。有一长叶柄，叶片分裂不多，或分裂为2~8片舌形或倒楔形的裂片。每裂片内有几条双歧式分叉的扇状脉，我国此类化石常见于陕北晚三叠世的"延长群"地层中，也曾见于内蒙古晚侏罗世至早白垩世的"固阳群"地层中。

楔裂银杏，无明显的叶柄，叶呈楔形、舌形，基部收缩，上部深裂为2~5个主要的裂片，每一裂片上有4条以上的叶脉。化石产于鄂西早、中侏罗世的煤系地层中。

上述的裂银杏、似银杏、楔裂银杏，都可认为是现代银杏的祖先，或近亲类型。

第五类裸子植物化石是松柏纲，此为常绿或落叶的乔木，主干发达，叶呈披针形、线形、针形、鳞片形等。多数为单脉，少数为平行脉。叶在枝上呈螺旋状排列。一般有厚的角质层，种子具硬皮。在裸子植物中属于高等的一类。最早的松柏纲化石见于晚石炭世，中生代早期迅速发展，至侏罗纪和白垩纪时到达顶峰。

我国的古生代松柏纲化石保存下来的很少，到中生代时期才丰富起来，常见者有下列几种：

苏铁杉，枝细，叶椭圆形、披针形或长线形。叶脉细而直，与侧边近平行，至顶端交叉于叶缘。分布于晚三叠世至早白垩世。我国此类化石见于云南东部晚三叠世的煤系和南京附近早、中侏罗世的"象山群"地层中。

南洋杉，叶在枝上作螺旋状排列，呈鳞形，或宽披针形，有几条叶脉。分布于热带或亚热带。我国此类化石见于华北地区的三叠纪地层中。

红杉，叶线形，较厚，呈两列互生或螺旋状着生，叶的基部收缩，有一条叶脉。分布于早白垩世到现代。我国此类化石见于辽西的晚侏罗世或早白垩世地层中，为红杉中的最古老化石，现存的红杉为常绿的高大乔木。

水杉，现生者与红杉相似，但到冬季会落叶，叶较薄，顶尖，在枝上对生。过去以为它已灭绝，1945年，我国植物学家在湖北利川水杉坝和四川万县发现野生的水杉林，证明这种植物尚未灭绝，现已广泛栽培，成为著名的活化石。我国辽宁抚顺渐新世煤系地层中发现此化石。

短叶杉，小枝互生，位于一个平面上。叶呈鳞片状，菱形，紧密叠复，顶端尖而钝，背面有直纹。分布于晚二叠世至白垩纪。中国此类化石见于福建西部晚部和山东莱阳盆地的晚侏罗世地层中。

柏型枝，叶鳞片状，交互对生，基部下延于枝上，上部与枝分离，分离部分不超过叶的下延部分，分布于早侏罗世至第三纪。我国此类化石见于福建西部晚侏罗世的地层中。

其实，我国南方许多红色盆地，如浙东、闽西、赣南等地的晚侏罗世到早白垩世地层中均产上述各种松柏类化石，此外还有袖套杉、拟节柏等化石。

被子植物化石

被子植物又称有花植物，而真双子叶植物是被子植物的主要分支之一，以具有三沟型花粉为特征。人们平时常见的槭树、柞树以及毛茛科植物等都是真双子叶植物。然而，由于早期真双子叶植物的化石十分罕见，以往科学界对真双子叶植物的早期类群及其祖先所知甚少。"李氏果"的发现填补了中国白垩世早中期真双子叶植物化石记录的空白。

我国辽西热河生物群是目前地球上少有的古生物化石宝库，此前，科学家曾相继在此发现了"辽宁古果""中华古果""十字里海果"等被子植物化石，其中"辽宁古果"更是被誉为迄今发现的地球上"最早的花"，这些已发现的被子植物化石与"李氏果"基本上都处于距今1.24亿～1.25亿年的地层。

"李氏果"的形态特征与现生的毛茛科植物几本一致，在叶形、脉序和果实特征等方面特别像现生的铁线莲、翠雀花等。

我国古植物学家、课题组负责人孙革教授曾说："尤其难得的是，'中华古果''十字里海果'以及'辽宁古果'，尽管所处年代与'李氏果'基本相当或稍早，但它们所属的科级类群现在都已灭绝，而'李氏果'所代表的真双子叶植物现在仍有约25万种，占整个被子植物种类的75%，这使得'李氏果'成为迄今最早的与现生毛茛科被子植物有直接系统演化联系的化石。"

科学家们认为，这些化石在大致同时期的集中发现表明，在距今1.25亿年，早期被子植物在演化上可能有一个"加速期"或称"爆发期"，这较之科学界以往的认识要早1000万年左右。孙革说，被子植物也不可能刚一出现就进入"爆发期"，因此推断，被子植物的起源还应该在"爆发期"之前，课题组集中精力在距今1.6亿年前至1.8亿年前的侏罗纪地层里去寻找更早的"花"。现在常见的开花、结果、宽叶的植物，基本上都属于被子植物。有高大的乔木，也有矮小的灌木，甚至草本植物。它们可能从某种裸子植物（例如本内苏铁）演化而来。过去认为起始于早白垩世，但近来我国发现的被子植物祖先化石时代可能属晚侏罗世，约向前推移2000万年。

1996年，中国科学院南京地质古生物研究所孙革教授及其研究小组，在辽宁北票黄半吉沟，晚侏罗世（距今1.45亿年）地层中发现了世界上最早的被子植物化石——辽宁古果，引起国际学术界的极大反响，被《科技日报》评为"1998年中国十大科技新闻"之一。

辽宁古果化石共有8块标本，由主枝与侧枝组成，主枝长约8.5厘米，侧枝长约8.6厘米，枝轴上共着生40枚果实。这些果实都是蓇葖果，长5~9毫米。果实由心皮对折闭合而成，内含2~4枚胚珠（种子），果枝下部有2片似叶状结构。从果枝的似叶状、果实螺旋状着生以及心皮对折闭合等特征观察，辽宁古果显示了最早期被子植物的原始性。

自从辽宁古果发现以后，连同近年来在蒙古发现一系列相类似的植物化石表明，包括我国东北（距今1.3亿年的鸡西早白垩世地层中，曾发现早期被子植物化石）和俄罗斯外贝加尔地区以及南滨海等地在内的亚洲东部地域，可能是世界上被子植物的起源中心或中心之一。

孙革教授在研究辽宁古果化石以后认为，这些化石还不能算是被子植物的始祖，将来有可能发现更原始的被子植物化石，而辽西是很有希望的地区。

我国的其他被子植物化石，基本上集中在几个新生代盆地沉积区中，各个科的代表化石都有发现，比较常见的有以下各属。

首先介绍双子叶植物化石：

木兰，这是双子叶植物中比较古老的类群，白垩纪时即已出现，第三纪时分布较广，一直生存到现在，为热带及亚热带的类型。我国的化石发现于山东临朐中新世"山旺组"内。叶较大，卵圆形，基部宽圆，顶端圆钝或圆尖，全缘，具粗短的叶柄。中脉粗强，侧脉呈羽状，第三次侧脉呈网状。

樟，出现于晚白垩世存在至现在，第三纪时分布广泛。叶卵形，基部楔形或圆形，顶端渐尖，全缘或微显波状。三出脉或离基三出脉，稀疏的羽状脉，中央主脉明显，直达顶端，两侧脉与主脉夹角小，弧曲向上，达于叶的上部或顶端，第三次侧脉不清楚或呈网状。化石发现于湖南湘乡始新世的"下湾铺组"地层中。

榉，叶呈卵形，基部圆形或微心形，顶端渐尖或钝尖，边缘有大而简单的锯齿。中脉粗而直，侧脉多，4～18对，互生或对生，与中脉相交成锐角，微向上弯，伸达边缘的锯齿，有第三次细脉。白垩纪直到现在均有生长。中国此类化石见于湖南湘乡始新世的"下湾铺组"和山东临朐中新世的"山旺组"内。

椴，为落叶乔木，叶卵圆形，基部不对称，常呈心形。叶缘呈粗锯齿状，中脉明显，侧脉至边缘分叉，每一支达于锯齿，第三级脉呈网状。第三纪至现代均有生长。中国此类化石见于山东临朐中新世"山旺组"内。

杨，落叶乔木，单叶，其形态大小变化很大，有阔卵形、圆形、肾形，最宽处近基部，基部宽圆或呈心形，顶端渐尖，叶全缘或具锯齿，有长的叶柄，中脉较细，直达顶端。侧脉自中脉伸出，其他次级侧脉成网状。从白垩纪到现在均有生长，广布于温带到寒带地区。中国此类化石见于山东临朐中新世的"山旺组"内。

柳，落叶乔木或灌木，叶多呈披针形、椭圆形。基部圆钝，顶端渐尖。全缘或具细锯齿，中脉明显粗强，至顶端变细，侧脉呈

羽状互生，向上弯曲，细脉连成网。白垩纪到现在均有生长，分布于北半球温带地区。中国此类化石发现于山东临朐中新世的"山旺组"内。

胡桃，落叶乔木，羽状复叶，小叶对生，无柄，叶长卵形，顶端渐尖或急尖，全缘或具细齿，中脉细而明显，侧脉自中脉伸出，至边缘上弯，第三次脉连接两相邻侧脉，网内有更细的网脉。白垩纪至现代均有生长，分布在北半球的温带地区，第三纪最广。中国此类化石见于山东临朐中新世的"山旺组"内。

桦木，落叶乔木，叶作卵形，顶端急尖，边缘重锯齿，基部圆形、截形或心形。中脉直而强，侧脉羽状互生或半对生，与中脉成40°~45°夹角。第三次脉细，多次分叉形成多角形的网脉。晚白垩世到现代均有，第三纪时最盛，分布于北半球的温带和寒带地区。中国此类化石见于山东临朐中新世的"山旺组"内。

栎，落叶乔木或灌木，单叶互生，叶呈宽带形，边缘波状或锯齿状，或裂片。侧脉羽状，互相平行，直达锯齿或裂片的边缘。果实坚硬，常形成化石。白垩纪到现代均有生长，分布于北半球的温带及亚热带地区。我国此类化石见于山东临朐中新世的"山旺组"内。

榆，落叶或常绿乔木，叶互生，具短柄。叶的基部常偏斜，叶缘锯齿状，单齿或复齿。中脉显著，侧脉羽状。果实扁平，为圆形或卵形的翅果。第三纪至现代均有。分布于北温带。中国此类化石见于山东临朐中新世的"山旺组"及华北地区更新世的黄土地层中。

槭，落叶乔木，少数为常绿乔木或灌木。单叶，对生，掌状分裂为3~7个裂片。基部心形、截形或宽楔形。每一裂片作三角形，顶端渐尖至钝尖，宽楔叶形，全缘或有锯齿。叶脉掌状，侧主脉主于每一裂片的顶端，侧脉细，上弯，第三次脉和细脉形成不规则的多边形的网格。晚白垩世到现代均有。分布于温带和亚热带地区。中国此类化石见于山东临朐中新世"山旺组"以及内蒙古的上新世地层中。

其次介绍单子叶植物化石：

单子叶植物的茎无树皮，不能增粗，叶具平行脉。有须根。出现于早白垩世，第三纪时繁盛起来。能适应各种环境，分布很广，最常见的有棕榈。叶簇生于树顶，有长柄，呈扇形，掌状分裂。分布于亚热带和热带地区。我国此类化石见于辽宁抚顺渐新世地层中，称为拟棕榈，其特征与现代的棕榈十分相近。

我国幅员辽阔，经历漫长的地质历史时期，各地质时代的化石蕴藏量极为丰富。要了解整个地球历史面貌与各地质时期生物演化的特点，如果缺失我国的化石资料及其研究成果，无疑是不全面的，将成为一大憾事。

我国的各门类化石，早已引起世界各国古生物学家的注意。我国各地质时代的主要化石产地，已成为国际古生物学界的注视焦点。

鲜为人知的植物化石

大叶枇杷

地质年代为新生代第三纪中中新世，距今1200万~1500万年。在分类位置上为蔷薇科，枇杷属，为双子叶常绿乔木。

大叶枇杷为学术名。标本叶呈椭圆状倒卵形，保存不全，估计长19.5~21.5厘米，宽9.3厘米，顶端不全，基部渐变窄。边缘明显反卷，波状，具少数短齿。中脉粗壮，近基部横径约2毫米；侧脉粗壮，10对以上，间距不整齐，弧曲脉序，以50°~65°从中脉生出，近基部夹角约80°，弯曲或近边缘分支；三次脉不明显，不整齐地连接于侧脉间。质地坚硬。

枇杷属植物为常绿乔木或灌木。单叶，互生，大形，叶常为椭圆形或椭圆状披针形，叶基常为楔形，有短柄，叶缘有齿，少有全缘。叶脉羽状，侧脉平行，达缘，伸入齿尖。果实为梨果。本属化石很少见，目前仅知道在我国山东山旺有其叶化石发现。

大叶枇杷的化石与现代种枇杷相似。此现代种分布在甘肃、陕西、河南、长江流域、越南、缅甸、印度、印度尼西亚、日本也存在此类化石。

芦 木

芦木、鳞木和科达木是古生代石炭纪至二叠纪时期重要的成煤乔木植物。

现保存的化石为木质柱的印痕，且不完整，节与节之间有簇叶的痕迹。芦木是古生代最发达的植物门类之一。现已发现的化石有石化的树干或常常是木质柱、树干和中柱的印痕、中央腔的石核及其印痕。芦木类的树干在解剖学上有下列特征：在幼茎中，有中髓薄壁组织，以后消失留下一个中央髓腔。髓腔的外周有原生维管束的脊状腔，它是由破坏很早的原生木质部所形成的。由原生维管束开始发生次生木质部，后者好像是尖端向着髓部的"楔形木质部"，其管胞是梯纹形的，当次生木质部发育到一定限度时，"木质楔"就被大部分薄壁细胞所组成的髓射线所隔开。在常见的髓模上，纵肋和纵沟在节上交错排列。茎的表面则平或者具有少量不规则的纵褶痕。

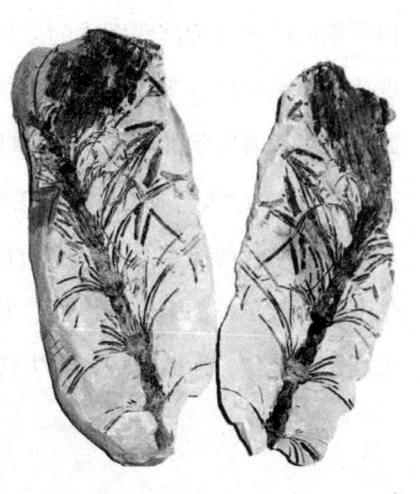

芦木类植物根据其茎的分枝、枝叶的形状和孢子叶的形状不同而有许多不同的种属。在现生的植物中，其相似者仅有木贼属。芦木类植物的起源是在泥盆纪中期

由早期的陆生植物演变而成的多种原始乔木植物之一，到石炭纪种类繁多，同现代的木贼一样，茎干周围布满线纹，髓部被皮层所环绕，特别是每一环节的四周，生长着筒状的叶子，这种叶子在形成完整的化石时，很容易被误认为是芦木类植物的"花"而在此时真正的有花植物还未出现。到二叠纪时芦木类开始衰退，中生代的三叠纪则只生长在沼泽、潮湿地带，到白垩纪植物景观逐步发生变化，被子植物第一次出现，并进一步获得发展，被子植物取代裸子植物而占据优势地位，而此时极富古生代特点的芦木类植物在地球上就消失了。

猫眼鳞木

地质年代为古生代晚石炭纪至晚二叠纪早期，距今有2.85亿~2.35亿年。在分类位置上为蕨类植物门，石松纲、鳞木目、鳞木属，为原始的乔木类植物。

猫眼鳞木的学名是根据螺旋状的叶片在茎干上脱落后形成的叶座的形态略呈猫眼状而得来的。保存的化石标本为茎干的一部分，遗留在茎干上的叶座为斜方形，长宽之比为2∶1~1∶2，排列紧密，非常清晰。叶痕较大，宽微大于长，呈双凸镜形，顶、底角宽大，两侧角尖锐，常有侧沿线，位于叶座的中上部，整个略呈猫眼状；维管束痕宽呈"V"形，侧痕较小，圆形，位于两侧角连线上。叶舌穴位于叶痕顶端之上，有时凹陷。叶座表面通常很平，偶有微弱脊线和横纹，有时其顶端还有一个三角状小坑。

鳞木类植物是在古生代的泥盆纪中期由早期的陆生植物演变而成的原始乔木类植物，在石炭纪和二叠纪的植被景观中占有突出的地位，是石炭纪、二叠纪重要的成煤植物。茎直立，高大可达30米以上，最大的鳞木茎干化石高达38米。顶部枝条多次二歧式分枝，形成树冠。新枝生长着剑形的叶子，近似现代松树的松针，长20~30厘米，宽2~3厘米，呈螺旋状排列；老叶脱落后，在茎干四周留下明显的斜菱形、纵菱形或双凸镜形的"疤痕"，即叶座。叶座的不同形态是鳞木类植物重要的分类依据。同一种内叶座的形状和间距，因所处部位不同而有变化，当树干增大时，叶座也增宽。鳞木类植物是较原始的陆生植物，叶无叶柄，直接生于茎上，没有真正意义上的根，茎和根之间有一种外貌似根的根座，其结构与茎没有多大区别，实际上还是茎的一部分，有许多不定根着生其上。鳞木类植物的化石记录从早石炭纪开始，到晚二叠纪消失，晚石炭纪到早二叠纪数量、种类最为繁盛，国外的化石记录主要见于石炭纪。

山旺榕

地质年代为新生代第三纪中中新世,距今1200万~1500万年。在分类位置上属桑科,榕属,为常绿类型的双子叶植物。

山旺榕标本叶呈倒卵形,基部窄圆形或钝楔形,顶端钝圆而突尖,长8~11.5厘米,宽6~12.1厘米,叶柄粗壮,长2.5~4厘米,大形叶的叶柄直径可达4毫米。叶全缘,波状稀。中脉强壮,直达叶端;侧脉6~8对。以50°~70°角从中脉生出,近基部的1~2对短,第2对或第3对特别粗壮并且长,伸到叶的1/2处或叶前部,弧曲向前,近边缘环结,有的在特别粗壮的侧脉上生出多数外脉,弧曲到叶缘处环结;连接于侧脉间的三次脉近与中脉成直角,细脉密网状。

山东临朐山旺及其邻区广泛出露中新世基性火山岩,并保存完整的火山机构,与之同时代的玛珥湖位于这些基性火山岩的环绕之中。玛珥湖内保存了完整的沉积序列,湖相沉积物中赋存有丰富的、种类繁多的、保存异常完好的动植物化石。研究表明,本区玄武质火山岩属于裂隙式和受断裂控制的中心式火山活动的产物,在对研究区火山岩及其玛珥湖沉积物内呈稀散状态的火山灰系统取样的基础上,利用电子探针分析方法,重点开展了山旺中新世玄武质火山喷出气体成分和含量的实验室定量测试研究,测试结果表明:山旺地区中新世玄武质火山喷出的S、Cl、F 和 H_2O 含量分别为 0.18~0.24,0.03~0.05,0.03~0.05 和 0.4~0.6 wt%(质量百分比);与世界上其他地区的火山活动相比,山旺中新世火山喷出气体S的含量较高,山旺中新世火山喷出气体(包括S、Cl 和 F)对当时周围地区的环境变化造成了严重影响,火山喷发除喷出大量氟化物气体导致周围地区动物死于氟中毒外,还喷出了以S和Cl及其化合物为主要成分的火山气体,造成当时火山盆地内温度急剧下降、形成酸雨,甚至破坏大气臭氧层。山旺中新世火山活动的综合环境效应能够引起周围地区生物非正常死亡或集群死亡级别的环境变化，可以导致山旺火山盆地内生物大批死亡，山旺玛珥湖沉积物内保存异常完好的动植物化石，多数赋存在富含火山灰的页岩中，并且其上覆的页岩中火山灰含量也较高，这些证据支持火山活动导致了本区生物非正常死亡或集群死亡，并被其后火山喷出的火山灰快速覆盖和埋葬，形成保存完好的山旺古生物化石。

中国山毛榉

分类位置上属壳斗科，山毛榉属，为落叶型的温带双子叶植物。

中国山毛榉为新种类，山毛榉是其学名。标本叶为长卵形，长6.1厘米，宽3.2厘米，叶顶渐尖，叶基圆形或略呈浅心形，叶缘波状，或在波状齿的顶端有一小齿，偶尔可在二波状齿之间见有一小齿。叶柄保存长度0.5厘米，中脉自叶基向叶顶逐渐变细，略弯曲，侧脉7对，细而直，伸达波状齿，侧脉与中脉的夹角为35°~40°，仅在个别处保存了第三次脉，与侧脉近于垂直。

山毛榉属在我国有7种，主要分布于长江以南。属的特征包括：落叶乔木，叶椭圆形或卵状椭圆形，叶顶短三角形或渐尖，叶基楔形收缩，或圆形，叶全缘，波状缘，或有稀疏叶齿，中脉强，自叶基向叶顶方向逐渐变细，侧脉互生，或互生与对生同时存在，具齿叶的侧脉达缘，全缘叶的侧脉弧曲，第三次脉于侧脉近于垂直。2~4个坚果包藏于木质具刺的壳斗内，坚果卵形。已发现的本属化石主要是叶，其次有果实、木材等。

古栓皮栎

分类位置上属壳斗科，栎属（Ouercus），为落叶型的温带双子叶植物。

古栓皮栎为其学名。叶常为卵状披针形，稀为卵形、披针形至倒卵披针形，长7.1~15厘米，宽2.2~5厘米。顶端渐尖至钝渐尖，基部圆形或钝楔形，两侧不对称，一侧下延。叶柄粗大，长达2.3厘米或更长。叶缘有齿，齿尖有刺芒，长1毫米以上。中脉强壮，微弯曲；侧脉12～19对，约以45°角从中脉生出，达缘脉序；三次脉密，较整齐地连接于侧脉间，以近直角从侧脉生出；细脉明显网状，叶质地坚硬。

　　栎属的现代种在我国有54种，分布于全国各地的山区，为重要的成林植物。栎属化石在地层中也经常被发现，主要为叶，其次为果实和木材化石。属的特征如下：落叶或常绿，乔木或灌木。叶具短柄，叶片全缘或锯齿，或不同程度地浅裂。叶形变化很大，一般为椭圆形、卵形，少数为线状披针形或几乎为圆形。全缘叶的叶脉为羽状达缘脉序，具齿或具裂片的叶脉为羽状达缘脉序，少数情况下某些具齿叶的叶脉在叶的上半部达缘，在下半部弧曲状，侧脉排列整齐，但叶为羽状分裂者，则叶脉排列不规则，且常有间脉。第三次脉大概与侧脉垂直，不分支或叉状分支。果实为坚果，近圆形，其壳斗具覆瓦状排列的鳞片。

　　古栓皮栎的叶子在形状和大小上有很大差异，但与现代种栓皮栎相似，现代种分布在我国西部和西南部，经中部到北部。本种叶形与同为壳斗科但为栗属的大叶板栗较难区分，主要根据基部是否对称，栗属的叶基部明显不对称，古栓皮栎基部对称，叶柄较长。

裂苞鹅耳枥

分类位置上属桦木科，鹅耳枥属，是典型的温带落叶型双子叶植物。

裂苞鹅耳枥为其学名。叶为长卵形，长11厘米，宽5.1厘米，顶端尾状渐尖，基部圆形（化石标本基部缺失）。叶缘明显呈重锯齿，侧脉进入齿特大，重齿小，二者差别显著。中脉较粗，直达叶顶端；侧脉约11对，互生，间距整齐，以35°~40°角从中脉生出，斜直进入叶缘大齿内，有的侧脉在近边缘处分支，分支进入小齿；三次脉近直角从侧脉生出。总苞特大，偏斜卵形，浅裂不明显，长3.2厘米，宽2.5厘米，顶端急尖，基部心形不对称。掌状脉，一侧4条至5条，另一侧具2条，达缘脉序；从初生脉生出的分支进入小齿，边缘为不整齐的裂状齿。

鹅耳枥属是山旺植物化石的主要组成成分之一，是典型的温带植物，我国有现代种50余种，广布于全国各地。属的特征包括落叶乔木，罕为灌木。单叶，互生，具叶柄。叶长椭圆状卵形、卵状披针形，或长椭圆形，有时两侧不对称，叶顶端尖锐，或渐尖，有时突然收缩成尖长，叶基心形，或微内凹，罕为圆截形。叶缘具重齿或锯齿，叶齿尖锐，羽状达缘脉序，中脉粗，侧脉细，侧脉7~25对，与中脉的夹角45°~70°，直伸或微呈弧状弯曲，彼此平行，或仅近基的数对侧脉在近缘处微向外侧弯伸。雄花为荑荑花序，雌花顶生，雄花下有1个苞和2个小苞，结合成叶状总苞。总苞三裂，或具齿及脉。果实为卵形具棱的小坚果。本属的化石常见的有叶片、果实、叶状总苞及雄花序。

金银花

金银花又名忍冬，半常绿多年生藤本；幼枝洁红褐色，密被黄褐色、开展的硬直糙毛、腺毛和短柔毛，下部常无毛。叶纸质，卵形至矩圆状卵形，有时卵状披针形，稀圆卵形或倒卵形，极少有1至数个钝缺刻，长3~9.5厘米，顶端尖或渐尖，少有钝、圆或微凹缺，基部圆或近心形，有糙缘毛，上面深绿色，下面淡绿色，小枝上部叶通常两面均密被短糙毛，下部叶常平滑无毛而下面多少带青灰色；叶柄长4~8毫米，密被短柔毛。总花梗通常单生于小枝上部叶腋，与叶柄等长或稍较短，下方者则长达2~4厘米，密被短柔后，并夹杂腺毛；苞片大，叶状，卵形至椭圆形，长达2~3厘米，两面均有短柔毛或有时近无毛；小苞片顶端圆形或截形，长约1毫米，为萼筒的1/2~4/5，有短糙毛和腺毛；萼筒长约2毫米，无毛，萼齿卵状三角形或长三角形，顶端尖而有长毛，外面和边缘都有密毛；花冠白色，有时基部向阳面呈微红，后变黄色，长2~6厘米，唇形，筒稍长于唇瓣，很少近等长，外被多少倒生的开展或半开展糙毛和长腺毛，上唇裂片顶端钝形，下唇带状而反曲；雄蕊和花柱均高出花冠。果实圆形，直径6~7毫米，熟时蓝黑色，有光泽；种子卵圆形或椭圆形，褐色，长约3毫米，中部有1凸起的脊，两侧有浅的横沟纹。花期4~6月（秋季亦常开花），果熟期10~11月。化石标本叶卵形，长7.3~7.8厘米，宽4~4.3厘米，顶端渐尖或短渐尖，稀急尖，基部圆形到阔圆形。叶全缘。叶柄短，长仅7毫米。中脉较细，直行，近末端微弯曲；侧脉6~8对，与中脉夹角60°~70°，弧曲状，有分叉，具间脉；三次

脉不清楚，在叶缘多与侧脉分支环结成小网，叶纸质。该化石叶与刺毛忍冬相比，叶明显大。金银花现产于全国各地。

刺毛忍冬

地质年代为新生代第三纪中新世中期，距今1200万～1500万年。在分类上为忍冬科，忍冬属，为双子叶落叶灌木。

刺毛忍冬为其学名。标本叶椭圆形，长4.6～6厘米，宽2.1～2.9厘米，顶端短渐尖，基部近圆形至渐狭，叶全缘。中脉较细，直行；侧脉5～7对，从中脉以55°～60°生出，近顶部的角度较大，弧曲状，在叶边缘内向上弯曲，分叉，环结；三次脉从侧脉不规则生出，粗网状，在叶缘同二次脉分叉形成小网，细脉清楚，网状。叶厚纸质。当前化石的叶形特征与现代种刺毛忍冬很相似，产于我国西部及河北、山西等省，为灌木，多生林内或林缘。

忍冬属的特征包括大多为落叶，少数为常绿的灌木或藤本；叶中等大小，或小型，单叶，对生，有时无柄，叶椭圆形、圆形、卵形、倒卵形，少数为披针形；叶顶一般圆形或短渐尖，少数叶顶伸长，叶基圆形或截形，少数为宽楔形，罕为心形；叶缘全缘，少数有锯齿；叶脉羽状，侧脉细，主要为弧形，常弯曲，大多为互生，有时在近叶缘处分叉，环曲脉序，三次脉一般垂直于侧脉，弯曲，常分叉。本属化石已知有叶，分布于我国山东山旺中新世和西藏聂拉木县第四纪。约180种现代种，主要分布于北半球的亚热带及温带地区。

丰富多彩——动物化石

化石：生命演化的传奇

爬行动物化石

爬行类化石的特点

从生物的系统发生来说，爬行动物是从两栖动物的石炭蜥类的祖先演化而来。大约在3亿多年前，食虫的石炭蜥类的祖先终于跳出水生环境，在进化的道路上获得两项成功：其一是体内受精；其二是出现了羊膜卵。前者就是雄性动物的精子直接输入到雌性动物的泄殖腔或生殖管中，这里是一个潮湿的场所，生殖细胞不暴露在空气中，是有利于受精卵发育的。至于羊膜卵，其内的囊状羊膜内充满羊水，包裹着胚胎，再加上营养丰富的卵黄，胎儿就可以充分发育，最后孵化出小动物来。这样的过程，是动物进化道路上的一次重大突破。所以，具有羊膜卵的爬行动物的出现，给后来的鸟类和哺乳类动物的发展铺平了道路，给生命世界增添了更加多彩的生机！

那么，谁是最早的爬行动物？以往都认为是2.8亿年前出现于森林中的林蜥。1988年，英国科学家坦斯·伍德在苏格兰爱丁堡西部的东基尔克拉顿的早石炭世地层中，发现了一具爬行动物的骨骼化石，从头骨到四肢，都保存得相当完整。据同位素测定，地层的年龄距今3.4亿年，比林蜥早6000万年。这具最早出现的爬行动物，就暂时命名为猎蜥。它的体长仅18～20厘米。从外形看，它与蜥蜴颇为相似。当然，此类化石是极难得的，中国尚未发现。

中国的爬行类化石

中国的爬行动物化石还是相当丰富的，今将除恐龙及其亲族以外的爬行类化石，摘要简述如下。

杯龙目，这是爬行动物中最古老而又原始的类群。其头骨表面有花纹，吻部短，无次生腭，松果孔大。上面提到的猎蜥就归于本目。古生代晚期或三叠纪时，本目动物就出现了分支演化，其中有阔齿龙类和两栖类。所以在地史上存在的时间，自石炭纪至三叠纪。

我国发现的古生代杯龙类化石，曾见于山西晚二叠世地层中，名为石千峰龙。中生代的此类化石较多，体形均较小，如发现于山西榆社地区早及中三叠世地层中的前棱蜥类、新前棱蜥类均是，保德地区的保德蜥也属本目，但化石标本往往是残部，未见完整者。

龟鳖目，中生代往往被人们称之为爬行动物时代。当白垩纪末期，出现"地质事件"之时，绝大部分爬行动物死于非命，大部分物种惨遭灭绝。到新生代时，仅残留下5个目，这与它们具有坚硬的外壳保护或处于穴居生活状态有关。此处所说的龟鳖目动物，属于幸存者之一。

龟鳖目动物的形态很特殊，与其他爬行动物相比，具有短而扁平的体躯，肉体隐藏在坚硬的背腹双甲之内。现今的龟鳖见不到牙齿，但三叠纪以前的种类却有牙齿，此后退化为角质棱。

龟鳖的祖先见于南非晚二叠世地层中所产的正南龟，动物不大，长约20厘米。其最主要特征是躯体的8对肋骨变得宽而扁，这说明正在向甲壳演化。

三叠纪时期龟鳖动物为数尚少，到侏罗纪时开始繁荣，晚侏罗世以后趋向繁盛，并与现代类型接近起来。

我国的龟鳖类化石最早见于晚侏罗世，白垩纪和新生代也较普遍。中生代以两栖龟为主，分布于山东、甘肃、内蒙古各地。新生代的化石在华北发现较多，大多属曲颈龟、陆龟和鳖类。华南各地发现者多属曲颈龟类。

我国发现的本目化石有数十属，近百种。今选几种最常见的化石简述如下。

蛇颈龟，壳体呈圆形或心形，较厚。成年者壳体相当凸，颈板有点凹缺，椎板狭长，且与3块臀板的第一块相接。产于我国四川晚侏罗世的地层中。

中国圆镜龟，壳体稍凸，略作椭圆形，壳的最宽处靠前。8块椎板，8对肋板，3块臀板，11对缘板。产于山东早白垩世的地层中。

陆龟，是个体较大的龟类。背甲广阔，由缝线与腹甲相连，椎板大小相间，第2、第4椎板常呈八角形，第3、第5椎板常呈四边形，颈板深凹。多见于内蒙古、华北各地的晚第三纪地层中。

无盾龟，壳体呈心形，盾甲已退化，腹甲有缝线与背甲关节相连，腹板9块。7块椎板、8对肋板、10对缘板。见于内蒙古及广东的始新世地层中。

我国最早的鳖类化石曾在四川修筑成渝铁路时发现，称为中国古鳖，时代属晚侏罗世，但具体产地不详。至于接近现代鳖类特点的化石，曾在内蒙古、山西、河南各地的晚始新世、中新世各地层中发现。

喙头目，现生的活化石喙头蜥或称鳄蜥，就是本目的代表，但它仅生存于新西兰的几个小岛上，体长约60厘米。它们的祖先在三叠纪早期就已出现，三叠纪时曾广布全球。

我国云南禄丰晚三叠世地层内所产的禄丰喙头蜥，辽宁凌源晚三叠世地层中所产的东方喙头龙，就是我国境内的本目化石的代表。东方喙头龙长约20厘

米，属于小型爬行动物，其身体表面覆盖着不规则的菱形鳞片，尾巴相当长，几乎与其躯体长度相等。

有鳞目，现生的蛇、蜥蜴就是本目的代表。自侏罗纪开始出现，到白垩纪才兴盛起来。

蛇类失去了四足，脊椎骨和肋骨的数目增多了，使身体变长。它口腔的方骨能活动，所以嘴巴可以张得很大。

最早的蛇类出现于白垩纪，至今已有1.36亿年的历史了。我国的蛇类化石较少，目前已有报道的，仅见于山东临朐山旺中新世硅藻土页岩内埋藏的蛇，经中国科学院古脊椎动物与古人类研究所孙爱玲教授研究，命名为中新蛇。临朐山旺是一座化石宝库，出产大量哺乳动物、昆虫、被子植物化石，中新蛇与这些化石伴生。其外形与现生的蛇类无大区别，只是个头稍小些。

我国的蜥蜴类化石较多，最早发现的是矢部龙，出产于辽宁凌源晚侏罗世地层中。其身体比较细小，约149毫米长。颈短，躯体及尾部均较长，在它的尾部尚有鳞片。

其他的蜥蜴类化石，尚有吉林长春郊区晚白垩世地层中的吉林蜥、山东五图渐新世或晚始新世地层中的昌乐蜥。安徽潜山古新世地层中尚有多种古老的蜥蜴化石。浙江景宁晚侏罗世地层中所产的一种十分纤细的章氏龙，也属于蜥蜴类。此外，河南、内蒙古晚始新世地层中也产蜥蜴化石，名为甲蜥。

槽齿目，这是古老的鳄类化石，其主要特征表现在吻部伸长。最早的化石见于早三叠世，但到三叠纪末期也就灭绝了，在地球上生存的时间不长。

我国的此类化石还比较丰富。据现有的报道，新疆、山西等地三叠纪地层中所产的加斯马吐龙；云南禄丰晚三叠世地层中所产的扁颚鳄、硕鳄；新疆吐鲁番晚三叠世地层中的吐鲁番鳄、武氏

鳄均是这类化石。但是，最完整的本目化石恐怕要属产于湖南桑植中三叠世地层内的芙蓉龙了。

芙蓉龙在古代爬行动物中可谓"四不像"了。它的嘴不大，吻端尖小而弯曲，口内未长牙齿，可能代之以角质棱，与龟鳖类的嘴巴很相像。芙蓉龙是杂食的。四肢相当发达，行动要比普通的鳄类迅速。脚趾短而粗，脚爪扁平状。由此推想，它可能生活于水边的低洼地里。更奇特的是，它的背部有显著突起的棘，颇如盘龙类的"背帆"。它的头骨特点与一般槽齿目爬行动物相似，故归入本目。

鳄目，此目为爬行纲双孔亚纲初龙下纲（或总目）的一目。体长大，尾粗壮，侧扁，是游泳与袭击猎物或敌害的武器。头扁平、吻长。鼻孔在吻端背面。指5，趾4（第5趾常缺），有蹼。眼小而微突。头部皮肤紧贴头骨，躯干、四肢覆有角质盾片或骨板。现存3科8属23种。鳄目颅骨坚固联结，不能活动；具顶孔。齿锥形，着生于槽中，每侧在25枚以上。舌短而平扁，不能外伸。鳄在水下，只露鼻孔于水上，进行呼吸。外鼻孔和外耳孔各有活瓣司开闭。心脏4室，左右心室由潘尼兹氏孔沟通。有颈肋、腹膜肋。无膀胱。阴茎单枚，肛孔内通泄殖腔，孔侧各有1个麝腺；下颌内侧也各有1个较小的麝腺。鳄长者达10米，两栖生活，分布于热带、亚热带的大河与内地湖泊，有极少数入海。以鱼、蛙与小型兽为食。长吻锐齿、四肢短小、尾巴扁平有力、皮硬厚鳞。栖于热带河流沼泽，并很少离开水过远的地方。食肉为主。卵生、寿命长。咸水鳄可达6米长。

鳄鱼的心脏和人类一样有两房（左心房、右心房）和两室（左心室、右心室），是脊椎动物中首次出现的左右心室完全分隔。（两栖动物和除鳄鱼以外的爬行动物都只有一个心室，或没有完全分隔的左右心室。）脊椎动物中只有鳄鱼、鸟类、哺乳动物有左右心室和完全分隔的心脏。

另外，鳄鱼的平均寿命长达150年，亦是爬行动物寿命最长的。根据部分考古学家研究发现，古代鳄鱼体长最长达到12米。

鳄鱼是一种曾经和恐龙同时存在的动物，但超强的适应力保证它存活至今。

最原始的鳄出现于晚三叠世，称为原鳄。体长1.2～1.3米。四足步态，但后肢长于前肢。可见其祖先是两足行走的。

鳄类在演化过程中，身体增大，游泳与攻击能力也增强了。颌部长出利齿，脚变得宽阔有蹼，尾巴粗大。到侏罗白垩纪时，出现中鳄类，其中一部分生活在海洋里。此后，中鳄演化成两支，一支仅见于南半球的西贝鳄；另一支则遗留至今，即真鳄类。它们最早出现于白垩纪。不久，它们又向三个方向演化，广布于热带和亚热带地区，海洋与淡水中均有生存。

中国的鳄类化石尚存一部分，从原始到进步各个阶段的代表均有。例如发现于云南禄丰晚三叠世地层内的小鳄，即属于原始的鳄类，化石残片虽然仅保存2厘米，但能见到一系列背部的甲板、脊椎骨等。

中鳄化石也较多，如发现于重庆、威远一带晚侏罗世地层中的北碚鳄；甘肃永登晚侏罗世地层中的孙氏鳄，保存了较完整的头骨。此外，吉林德惠与甘肃嘉峪关的白垩纪地层中也发现过中鳄化石。

真鳄化石见于新生代，如发现于湖南衡阳始新世地层中的两湖鳄、田氏鳄，广东茂名始新世地层中的马来鳄，后者与无盾龟伴生，产于油页岩中。

在南京浦口中新世地层中还发现短吻鳄的牙齿。据中国著名古生物学家周明镇研究，它可能是现生于长江的扬子鳄的祖先。现在，扬子鳄已列入国家保护动物之列，可见鳄的发展已趋向衰落了。

这里值得关注的是产于我国的西贝鳄类化石，即西蜀鳄。它的主要特点表现在头骨的结构上，无眶下窝，内鼻孔两侧界有显著的棱。这个南半球特有的种类竟在重庆晚侏罗世地层中发现，说明当时南北两半球还没有完全分开，至少分离得并不遥远，很多地方或许断续相接，像岛链一样。这就是说，当时泛大陆还未彻底解体。

我们都知道，鳄是凶残的肉食性动物，并把"鳄鱼的眼泪"比喻为假装善良的成语来应用。可是，这里要讲的是一种食草鳄类的化石，这的确是善良的鳄类。它是在1960年湖北一次石油会战中获得的特殊化石。当初，标本送到中国科学院古脊椎动物与古人类研究所时，专家们感到这块化石非同一般，但谁也不敢贸然定名，于是将其搁置起来。过后，又是急风暴雨式的政治运动，这块化石就更无人理睬了，这样一下子耽误了约30年时间。直到20世纪90年代，中国科学院古脊椎动物与古人类研究所的专家与加拿大同行重新开封标本箱，共同进行观察时，才发现这是1.2亿年前早白垩世的食草鳄类的化石。它体长90～105厘米，腿纤细，可以直立，鼻孔向前不向上，牙齿不是尖锐的锥形齿，而是平坦耐磨的样子。但是，它的吻部、下颌、上肢骨、脊柱、前腿、骨盆和股骨等，都明显地表现出鳄类的特点。所以，确认为食草鳄类的化石。这一发现，改变了人们心目中鳄类的形象，对研究鳄类的演化问题，无疑是至关重要的。

兽孔目，这是爬行动物中比较进步的类型，很多特点接近哺乳类动物。例如它们的牙齿已经分化，不像其他爬行动物的牙齿呈单一型（只有尖锥形），而兽孔目动物的牙齿已出现异变，分为门齿、犬齿和颊齿三种不同类型。其次，下颌骨也较其他爬行动物大，其中的齿骨变得特别大。再如头骨的结构也接近哺乳动物。因此，曾一度怀疑兽孔目动物与哺乳动物的起源有关，又称它们为似哺乳动物爬行类。它们起始于二叠纪，到三叠纪时已很兴旺，但到侏罗纪时迅速衰落，仅少数残留下来。

我国的兽孔目化石还是比较多的，其代表种有水龙兽、中国肯氏兽、吉木萨尔兽、吐鲁番兽、副肯氏兽、卞氏兽等。它们主要产于新疆、山西、云南等

地的二叠纪和三叠纪地层中。

水龙兽属于水栖爬行动物，身体大小中等，与普通狗的身材差不多。它最明显的特征是头骨比较高，在头顶和额部之间有一个折曲，致使脸部和吻部弯曲向下。张开嘴巴，除了犬齿位置上有一对伸长的牙齿外，就别无他齿了。鼻孔的位置靠后，与眼眶相近。颈部粗短，躯体呈圆筒状，四肢粗短，尾巴也不长。主要生活于早三叠世，常居住在湖泊、沼泽地带。所以，一旦发现此类沉积条件形成的地层、找到水龙兽化石的线索时，往往可以接二连三地挖掘出多具化石。它以鲜嫩的草本植物为食。那么，这两颗大犬齿有什么用处呢？既然不作为取食之用，就只能当做防身搏斗的武器了。因为就新疆发现的水龙兽来看，尚有凶暴的恐龙与之伴生呢！

肯氏兽的外形与水龙兽颇为相似，也只有两颗长牙，生活环境也差不多。

水龙兽和肯氏兽的分布范围是发人深省的。从新疆、山西、中南半岛、印度到非洲南部，甚至南极洲，此类化石均有分布，且属类也相同。它们仅仅生活在陆上的湖泊或沼泽环境中，这只能说明当时北半球和南半球两大陆是连在一起的，即所谓联合大陆（或称泛大陆）的存在。后来，由于板块运动，联合大陆解体，各大陆逐渐漂移到现在的位置上。

兽孔目中另外值得一提的是卞氏兽。它的化石是杨钟健教授在抗日战争期间于云南禄丰晚三叠世地层中发现的。标本相当完整，粗略一看，与普通哺乳动物的特征极为相似。比如吻部大为缩短变窄，上下颌均有较大的门齿，虽然犬齿缺位，但颊齿的形态已完全臼齿化，以致发现时曾把它误认为原始哺乳动物的多瘤齿类化石。但是，仔细研究其下颌骨的齿骨时，发现其后方尚有细小的关节骨（下颌与头骨连接的骨头）和隅骨（位于齿骨的后方，关节骨的下方）的残留，而后两种骨头，正是爬行动物下颌骨最主要的特点。所以卞氏兽的发现，至少可以证明哺乳类动物是从爬行类演化而来的。

哺乳动物化石

中生代初期，当恐龙获得大发展时，出现了一支不起眼的兽齿类，它们经过不断地演化，逐渐从爬行动物中分化出来，成为原始哺乳动物。原始哺乳动物经过整个中生代的孕育，在新生代获得更大的发展，它们栖息环境多样，生活习性不同，成为大地的新主人。哺乳类现生约有4000种，绝灭的种类数量更多。而鸟类的出现使大地的繁荣更增添了色彩。鸟类动听的鸣叫与美丽的羽毛给地球带来了温馨和生机，它们不仅扩大了脊椎动物的数量，拓宽了生活和分布领域，而且与其他生物一起，共同构成了完整的地球生物链。

中生代是恐龙的一统天下。那时，在丛林和草地上躲躲闪闪地生存着一种小型爬行动物，这就是兽齿类。兽齿类的大小同现代的狗差不多，它们的头骨长而窄，具有次生腭，次生腭把鼻通道与口腔分隔开，是一种重要的进化。此外，牙齿已有门齿、大齿和颊齿之分，这也和一般的爬行动物不同。兽齿类的脊柱结构也很复杂，四肢向身体下方直立，这表明，它们是一种行动敏捷、善于奔走的动物。在我国山西曾发现过的中国颌兽化石就属于兽齿类。

兽齿类进一步发展，出现了三列齿兽类，它们的身体构造特征更接近真正的哺乳动物，广泛分布在欧洲、非洲、北美和亚洲。在云南禄丰盆地，人们曾发现过卞氏兽和禄丰兽等化石，这些化石都属于三列齿兽类，由于它们既保留了爬行动物的一些特征，又具有哺乳动物的特点，被科学家们称为似哺乳爬行类，它们与哺乳动物的发展有直接的联系。

从侏罗纪中期起，哺乳动物有了更广泛的分布，尽管当时恐龙独霸一方，

但由于哺乳动物体型灵巧,能够成功地躲避食肉恐龙的追杀,又由于它们一般以捕食昆虫为食,有自己独特的取食范围,因此并不因恐龙的昌盛限制自身的发展。到白垩纪时,哺乳动物已经具有很强的竞争优势了。随着哺乳类的发展,逐渐形成三个演化分支,一支为单孔类,现生类型以鸭嘴兽为代表;一支为有袋类,现生类型以大袋鼠等为代表;另一支为有胎盘类,现生类型最多,人们熟知的鼠、猫、马、牛、猴等都属于有胎盘类。

哺乳类在动物界中是最高等的,它们有非常完善的适应能力,身体恒温;具有乳腺,可对幼仔哺乳;脑发达,能够支配行动;胎生(单孔类除外),可利于延续后代等,这些是爬行动物望尘莫及的。正因为这样,当中生代末地壳运动加剧,环境发生重大变化时,恐龙等难以适应和生存,而哺乳类则显示了很强的竞争优势,不断发展壮大起来。在长期的演化中,有胎盘类具有更完善的适应功能,构成了哺乳动物家族中的主流。化石和现生哺乳动物的绝大部分都属于有胎盘类,有胎盘类哺乳动物约有30个目,人们熟知的就有翼手目(蝙蝠)、食肉目(猫)、鲸目(海豚)、啮齿目(鼠)、奇蹄目(马)、偶蹄目(牛)、长鼻目(象)和灵长目(猿)等。

由于哺乳类的骨骼结构比爬行类更为坚固、紧凑,容易得到保存并形成化石,因此对化石收集者和专业古生物研究人员十分有利,他们可以发掘到完整的骨架,并开展深入系统的研究。但是,在化石的分类和鉴定中,牙齿化石对哺乳类最为重要,哺乳动物在幼年期生有乳齿,在发育和生长过程中萌生的恒齿不随身体的增长而发生变化,同时各种哺乳动物的牙齿也具有不同的特征,这样古生物学家只要依据牙齿的类型和特征就可对其进行分类和鉴定了,换句话说,在地层中发现几枚保存完好的哺乳类牙齿化石更为重要,它们能够帮助人们很快鉴定出这是哪一种哺乳动物。

王者印记——恐龙化石

恐龙这个庞大的群体,远在人类还没有出现之前,就早已在地球上神秘地消失了。然而在美国电影《侏罗纪公园》中,各种恐龙被塑造得惟妙惟肖,仿佛真的又回到了那个龙腾虎跃的恐龙世界。是依据什么来复原这些与人们连一面之识都没有的恐龙呢?一定不是光凭想象的。

原来,恐龙虽已魂归天外,却将它们在地球上生活过的各种信息遗留在今天各地的岩石地层中。人们就是靠破解这些信息而演绎了昔日的恐龙。在这些信息中,以石化了的恐龙骨骼(即通常所说的恐龙化石)最为人们所熟知,在许多博物馆中它们都静静地矗立在那里;还有尚不多见的石化了的恐龙蛋(蛋化石)以及恐龙其他的遗迹,如:恐龙的皮肤印模、足迹、粪便、巢穴等化石。

不管是哪一种化石的发现,都可讲出一段十分有趣的故事。就以第一个发现恐龙的人来说,是一位英国女士。事情发生在英国南部的一个小镇——刘易斯,乡村医生吉迪恩·蒙特尔就住在这个小镇上。1822年春天,当时还只有32岁的蒙特尔,一天早晨要去看一个患者,蒙特尔夫人——玛丽·安宁也同丈夫一起走出家门,两人策马而行,沐浴在和煦的晨风中。丈夫看病时,蒙特尔夫人就一个人悠闲地在乡间的小路上散步。突然,路边的一堆碎石引起了夫人的注意,在碎石堆上有一枚巨大的动物牙齿。她把这颗牙齿拿回来给丈夫看,引起了丈夫的极大兴趣。两个人向当地人打听碎石的出处,当地人告诉他们这些石头是从附近苏密克斯州一个采石场运来的。蒙特尔兴致勃勃地赶往采石场,在采石工人的帮助下,又找到了一些化石碎片,其中包括牙齿和一块股骨。

蒙特尔了解到，这些石头是从距今约1亿年左右的白垩纪（地质年代名称）早期的地层中开采出来的。为了弄清是什么动物生有这些牙齿，蒙特尔找到了当时英国著名的地质学家莱尔勋爵，请他帮助鉴定，但莱尔也认不出这是何种动物的牙齿。后来，蒙特尔又将化石送给法国著名解剖学家居维叶，起初居维叶认为这是古代犀牛类动物的牙齿。但是蒙特尔凭借自己对牙齿丰富的医学知识，觉得居维叶的鉴定是不对的。为了弄清这些牙齿的来龙去脉，他搜集了更多的化石，开始了自己的研究，发现这些牙齿的冠部已被磨平，应属食草动物。蒙特尔夫人认为这些化石是一种爬行动物的遗骨，而当时人们熟悉的爬行动物都是牙齿锐利的食肉类。人们再次请教居维叶，居维叶证实这些的确是食草类爬行动物的牙齿。后来，蒙特尔在伦敦英国皇家外科医学院的汉特林博物馆中见到了鬣蜥的骨骸。除了大小不同而外，那些牙齿与鬣蜥的极为相似，因此蒙特尔将这种动物命名为禽龙，鬣蜥牙，并于1825年正式公布了这一发现及其定名。认为这是一种已经绝灭了的巨大草食爬行动物，定名的含意为牙齿像大鬣蜥牙齿的动物。

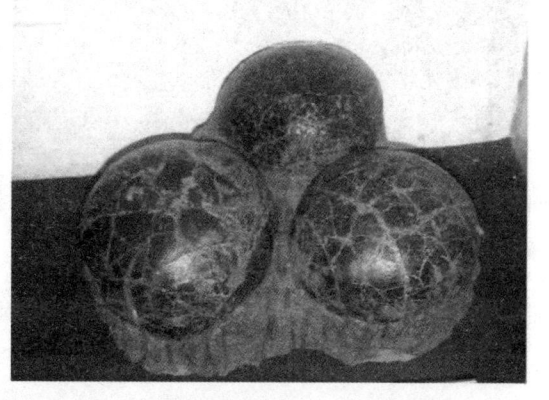

比蒙特尔小十多岁的英国牛津大学教授欧文以现生的活鬣蜥牙齿的大小作标准进行比较，得出了一个令人大吃一惊的推断：禽龙的身躯应为30～60米，有半个足球场那样长。但随后的15年时间里，蒙特尔和其他业余研究者继续进行发掘，又先后找到了禽龙的脊椎骨和别的许多骨骼化石，化石显示这种动物虽然比现代巨蜥大得多，也重得多，但这时的欧文教授却不得不修改他原来的推断：禽龙的身长应为7米，其胸骨的结构与鳄鱼相似，心脏有四个心室，比其他只有三个心室的爬行动物要进步。欧文还认为，这种动物的心脏和循环系

统已与温血的脊椎动物差不多了。

第一枚恐龙蛋化石是19世纪初在德国南部普洛旺斯发现的，产生在距今约1亿年的白垩纪地层中。蛋是圆形的，直径20厘米，当时没有人能说出它是什么动物生的蛋。直到1922年美国纽约自然历史博物馆为了论证"中亚是哺乳动物和早期人类的发育中心"这一科学假说，组织了一个"中亚考察团"，前往中亚地区进行实地考察。在这次以古脊椎动物为主要考察项目的活动中，虽然项目本身收获并不大，却意外地在现在的蒙古人民共和国境内发现了好几处保存很好的蛋化石，这些一头粗一头略细的蛋，每窝都有十多个。更让考察队员们意想不到的是，有两个已破壳的蛋，里边竟还保留着尚未孵化出来的胚胎骨骼化石，经辨认为原角龙的胚胎。从而确切无疑地证实了这些蛋为恐龙所生。这一重大发掘成果轰动了世界，从此人们才知道恐龙是卵生的爬行动物。目前世界上许多国家都发现了恐龙蛋化石，总数已逾万枚，仅在我国河南省西峡县一处就挖出5000多枚。但是，除了蛋中有恐龙胚胎或在蛋化石同层位附近找到的恐龙骨骼化石以外，还不能把已发现的化石蛋都认定是恐龙所生，因为与恐龙同时生活的还有其他的卵生动物，如鳄类、龟鳖类等，所以未确定归属的蛋，以"蛋化石"统称之为宜。

恐龙的其他遗迹，也能在某些特定的环境中被保存下来，埋藏于地层中，这也是能传达许多重要信息的化石。如能提供恐龙多种生态、生活信息的恐龙足迹化石，就是在具有很大偶然性的条件下保存下来的。现代的研究揭示，当年恐龙经过的地面的含水程度必须合适，过干或过湿都不能留下足迹。只有在那些含水适度的泥沙质地面上，恰有恐龙活动时，才能留下清晰的脚印。而且印有脚印的地面还要在没有被扰动之前很短的时间内干燥定型，就如同做好的陶胚被干燥定型一样,再经过后来的沉积覆盖,历经漫长的地质时代而固结成岩。早在1802年,有位美国青年在他的家乡康涅狄格峡谷附近的红色沙岩上发现许多三趾的恐龙足迹化石,却被当成了鸟的爪印,甚至被教会的神父们认定为诺亚的渡鸟留下的足迹,作为《圣经》故事的佐证。中国云南省晋宁县夕阳彝族自治乡的彝族同胞,至今仍保留一个古老的习俗,送葬的队伍必须抬着棺材沿一行"金鸡爪"的方向走向墓地。经古生物学家确认,这行"金鸡爪"是一行恐龙的足迹化石,当地人发现这些足迹化石的时间应该是相当久远了。

你所不知道的爬行动物化石

鲁钝吻鳄

该化石标本发现于山东临朐县尧山山旺盆地,现收藏于中国古动物博物馆。山旺标本为一较小的鳄类个体,头骨仅长105毫米,像钝吻鳄的其他种一样,头骨扁平,且相当宽吻端浑圆,头骨顶面观为舌状。其上的一对眼孔十分宽大。上颞凹占据了颅平台相当大的部分,呈长椭圆形,其长宽之比为5∶3。

头骨表面的颅刻纹十分发达。在颅平台上它们为密集的、大而深的凹坑;在鼻骨上,这些凹坑纵向拉长,其后部的较浅;在前颌骨和上颌骨上它们为较小的麻点状,形态和分布都很不规则。

头骨的一个很重要的特征是它的吻部短而宽,几个比例数字可以很清楚地

说明这点：它的吻长50毫米，只占整个头长的47.6%；而吻基部宽55毫米，为吻长的1.1倍。这种情况在钝吻鳄中，即使在它们的幼年个体中，也是极为罕见的。

前颌骨环围着宽大的外鼻骨，和钝吻鳄的大多数成员一样，前颌骨后突伸入两外鼻孔间，与鼻骨的前突相接，形成完整的鼻中隔。前颌骨自吻的外缘向外鼻孔方向舒缓地上升，但除最后部外，在外鼻孔的周围并未形成环形的嵴。

上颌骨宽大，与鼻骨的接缝短，它与前额骨成对角接触。左上颌骨后部略有破损，右上颌骨完整。顶端可见上颌骨的边缘，在与前颌骨的接触处及它的后部，略有收缩。在侧视面上，上颌骨边缘的波状弯曲不明显。

鼻骨短宽，它的顶面两侧缘稍高，向中线方向倾斜。前额骨小于泪骨。它的后外侧缘略高于眼眶的前缘。

顶骨在间颞部的最小宽度大于上颞凹的横径。颧骨自前端与上颌骨的接触处向后、略向外侧延伸，形成眼眶的外缘。虽然这一头骨极端扁平，但由于颧骨的位置低于额骨，使眼眶面向斜上方。

山旺标本的各项特征无可疑议地表明它是钝吻属的一个成员，在此重点讨论它与钝吻鳄其他种的关系。

钝吻鳄的不同种个头大小有很大差异，现生种美国的密西西比鳄体长可达6米，而扬子鳄仅为2米左右。头长105毫米，体长600毫米左右的山旺标本应代表一个较小的个体。它的头长81毫米，体长580~650毫米，这件标本似乎代表着一个尚未达到性成熟的较大的幼年个体。它头骨上的一些特征，如上颌边缘波曲不发育、吻部短小等也证明了这点。

山旺标本与扬子鳄的幼年个体比较，二者之间确实存在着许多相似之处。如它们的头骨都宽而短，颅区长度都大于面区长度；上颌骨边缘波曲不明显；颅平台的前部宽度与后部宽度相等；前方下颌齿的尖端向外倾斜，当下颌关闭时与前颌齿成犬牙交错的对合；眼眶宽大，其长度都为颅长的29%左右；它们的上颞凹大小和形状十分相似。

该标本在以下几个方面与扬子鳄的幼体明显不同：它的吻部比扬子鳄的吻部更为短宽，极为罕见的是它吻基部的宽度大于吻的长度。鳄类在个体发育的过程中吻区的增长速度大于颅区的增长速度，而吻区长度的增长远大于吻区宽度的增长。头长 81 毫米的扬子鳄吻区长度与基部宽度相等，如果以它为标准推论，在与山旺标本大小相同的扬子鳄中吻区长度应大于基部长度。

在扬子鳄中上颌骨与前额骨的接触阻隔了泪骨与鼻骨；而在山旺标本中这两对骨片都成对角相接。

鳄类头骨顶面的颅刻纹饰及由此刻纹所组成的嵴、结节和隆凸在幼体十分微弱，个体越大，这些结构越发达，颅表面也越粗糙。一般来说，山旺标本大于头长 81 毫米的扬子鳄，它的头骨顶面的颅刻纹饰及派生构造应较后者发育，而现在情况并不完全如此。在头长 81 毫米的扬子鳄中，虽然它吻正中嵴的后端尚未形成，但颅正中嵴和眶前嵴系统均已发育得很好；而在山旺标本中，虽然颅刻清晰，但颅正中嵴和眶前嵴系统都没有形成。

从以上的比较可以看出，山旺标本以一些特征区别于已知的钝吻鳄的种。虽然作为一个未成年个体，随着年龄的增长有些特征会随之变化，如由于吻区长度的增长大于顶骨和吻宽度的增长，在这一种动物的成体中吻长会大于颅区和吻基部宽，但与扬子鳄幼体之间的差异表明山旺标本无疑可以代表钝吻鳄中的一个独立的种，种名取自化石产地山东省的简称"鲁"。

钝吻鳄的两个现生种分别生活于北美和中国。在北美已有 6 个化石种被发现，它们自渐新世开始直到现在。虽然这些资料还不足以准确而详细地反映出钝吻鳄在美洲发展的历史，但人们可以大致推测出它们的进化趋向。由于多方面原因，迄今为止，在中国还只有很少的钝吻鳄化石被发现和报道。它们包括产于南京浦镇中新世的钝吻鳄未定种钝吻鳄和安徽和县更新世中期的中国扬子鳄。这两个地点都只有个别的牙齿被发现，与山旺标本很难对比。在这种情况下，保存较为完好的山旺标本的发现无疑应具有较为重要的意义。

以前的研究者们认为在北美的钝吻鳄中 A. thomson 与亚洲的形态相似，关系最为密切。他们假设在中新世时钝吻鳄向亚洲传播,在北美中新世的与中国现代 A. sinensis 之间一定有一个尚未被发现的联系环节。现在山旺标本的发现似乎并没有完全证实这点。作为钝吻鳄的成员,山旺标本之间有很相似之处,但也有一些差异,如眶前嵴的缺失、泪骨与鼻骨的接触,这又妨碍它架起与之间的桥梁。目前的资料似乎暗示和沟通了北美与亚洲钝吻鳄的联系。

莱阳谭氏龙

谭氏龙是一种头颅扁平的鸭嘴龙类,总计有三个种:中国谭氏龙、金刚口谭氏龙与莱阳谭氏龙。这些是中型的鸭嘴龙类,体长是 4~5 米。典型的一件标本现存放在瑞典的 Appsala 大学。那是谭氏在 1923 年 4 月,于莱阳县将军顶村西南的王氏组红色黏土地层中采集到的。属于 Wiman 命名,为纪念谭氏(H. C. Tan)在山东调查地质与发掘恐龙方面的卓越贡献而来的。这件恐龙化石标本产自山东莱阳金刚口的西沟,它属鸟脚亚目、鸭嘴龙科、谭氏龙属地质年代为中生代白垩纪晚期(距今 6500 万年左右)。它是一种体型较大的恐龙,就体型而言,它比同时期的诸城巨型山东龙要小,比同产地青岛棘鼻龙要大。以树叶和草为食,是植食性爬行动物。

莱阳谭氏龙的荐部脊椎由 9 个脊椎组成。由第 6 至第 9 个脊椎的腹面有较深的直沟穿过由前后两个脊椎所并成的横棱。荐部脊椎的神经棘较高而呈薄片状。横突几乎呈水平状,最后两个极大。髋弧比棘鼻青岛龙、金刚口谭氏龙要粗壮得多。肠骨突较小,肠骨后突较长于棘鼻青岛龙和中国谭氏龙,与金刚口谭氏龙相近。

标本的整个荐部脊椎都愈合而成为一体了。荐部脊椎由9个脊椎骨合成，保存相当完整，是国内已发现的鸭嘴龙类中最为完整的一个荐部脊椎。从椎体到横突以及全部神经棘等都保存很完整。从左侧面看，第1~9脊椎骨的横突保存完好。第1~3横突有些向前倾斜，第2与第3个已互相接触，最后面的两个横突特别大，特别是第8个横突，若与前面的1~4个横突相比，几乎大一倍。从右侧面看，第1~9脊椎骨的横突均保存完整，没有向前倾斜的现象。整个荐部脊椎左右两侧的髋弧也都保存得相当完好。髋弧不如美国自然博物馆的肯吐龙的髋弧。

棘鼻青岛龙

棘鼻青岛龙是我国发现的最著名的有顶饰的鸭嘴龙化石，也是我国首次发现的完整的恐龙化石。由于它是在青岛附近的莱阳市金刚口村西沟发现的，头上又有棘鼻状的顶饰，所以得名。棘鼻青岛龙化石所处的地层的时代为白垩纪晚期。它的身长为6.62米，身高4.9米，坐骨末端呈足状扩大，肠骨上部隆起，在荐椎腹侧中间有明显的直棱，后面成沟状，顶饰实际上是在相当靠后的

棘鼻青岛龙外貌与"标准"鸭嘴龙似无多大区别，只是头顶上多了一只细长的角，样子就像独角兽一样。有人说这只角应向前倾斜，也有人说应向后倾斜，还有人说根本就不存在这只角。至于对这只角的作用，更是众说纷纭，它既不像武器，也不像其他冠顶鸭嘴龙那样能扩大它自己的叫声，就是一种装饰品。

棘鼻青岛龙这具几近完整的骨架，总长约6.6米，它最特别处在于头颅前方有一个长而中空的管棘垂直矗立。这个长棘除了一些推断的功能（如中央神经系统冷却功能）而外，可能是用来抵抗侵略的装备。然而Taquet曾经指出这个管棘或许是一个移位了的（或者复原过程错误摆置的）鼻骨，被误放在头骨的前方垂直立起的位置。若果真如此，那么青岛龙可能就属于一只扁平头颅的鸭嘴龙类了。棘鼻青岛龙是鸟脚类恐龙中鸭嘴龙科、青岛龙属的一个种，植食性，体长约7米，生活在中生代的白垩纪晚期。棘鼻青岛龙的化石标本非常完整，发现于中国的山东省莱阳。

蛇 化 石

蛇是一种让人们感到恐惧的动物。在《圣经》中，蛇是引诱亚当、夏娃的魔鬼。在现实生活中，蛇广泛分布于世界各地。在中国的成语中有"杯弓蛇影""蛇鼠一窝""笔走龙蛇"等词，可见蛇和人类的密切关系。那么蛇类是什么动物进化而来的呢？

2006年2月20日，澳大利亚科学家通过对3000万年前的巨蛇骨化石的研究发现，这种蛇是由蜥蜴演变而来的，这一重大发现，对爬行类动物研究有着极为重要的意义。

爬行类动物最早的祖先有可能是蜥蜴。然而作为蜥蜴的子孙后代的蛇家族，却以蜥蜴为主要食物。

另外，科研工作者在澳大利亚布里斯班亚艾萨山周围也发现了保存完整的蛇骨化石，其长度约为18英尺（5.49米）。对此，著名的《自然》杂志也对它的特征作了较为详细的描述。科学家经过研究，称其为"天蛇"。这一名词来源于澳大利亚土著，在一些古代神话传说中，土著人将发生的洪水等各种自然灾害认为是"天蛇"在作怪。

由于蛇骨较大、易碎，难以完整地保存下来，所以在过去很长的一段时间内，科学家们一直为蛇的起源问题而困扰。杰克·盖隆是澳大利亚昆士兰州大学的古生物学家，他认为这一完好蛇骨的发现可以为科学家研究蛇由蜥蜴进化而来及其进化发展过程提供有力的依据。事实上，蛇家族早在冈瓦纳大陆时期的古地中海（现为各自独立的澳洲、南极洲、非洲以及南美洲）就存在了，到今天已经有数千万年了。

不仅如此，盖隆他们曾经还发现了受到严重破坏而变形的巨大的蛇骨化石，据估算，这一蛇骨出现时间可能要比"天蛇"早。据科学家介绍，蛇在远古时期，有着相对坚固但不灵活的咽喉，这与现代蛇（其咽喉部结构较为松散，并且能够张大嘴吞下比它们身体大几倍的动物）是不同的。当盖隆有了这一重大发现之后，美国古生物学家彼得·罗伯芮对此表示非常赞同，认为其发现意义重大，可以更好地联结当今已知的蜥蜴和很久以前灭绝的一类蛇家族。此化石的发现还可以帮助人们进一步了解现代蛇的演变发展史，这是由

于其骨骼结构与蜥蜴有许多相似的地方。

据科学家从这类蛇的骨骼结构上可以看出它们是如何从蜥蜴进化而来的。此外，科学家们还在一片陆地沉积物中找到了非常珍稀的蛇化石，而这片地区与动物曾经居住的陆地非常接近。为此，有一位巴西的爬行动物学家曾介绍说，该物种蛇是第一类带有骶骨的蛇类，与现在相距大约9000万年。这种化石的出现，使得早期蛇类进化信息不再空白，对于研究蛇类的进化及演变有着极其重大的意义。而且在今天，它已经成为推翻"蛇类起源海洋生物"这一假说的有力证据。

红土崖小肿头龙

标本采自山东莱阳城南红土崖。地质时代为中生代白垩纪晚期（距今约6500万年）。这种恐龙属肿头龙亚目、平顶龙科、小肿头龙属。一个小的肿头龙，身长50～60厘米。头上的顶鳞骨肿厚，但比较平，不拱起，上颞孔不封闭。头上无明显的隆起栉饰。下颌骨较高，牙齿纤细，单排排列，牙齿的外侧有中嵴，前后侧有对称的小齿。荐部体双平型，有6个愈合的荐椎，第2个荐椎椎体膨大，横突与荐肋愈合，变得粗壮。荐部上有荐背肋。标本为一块破残的顶骨，鳞骨和方骨保存不全。下颌骨仅保存了一块右齿骨。一串尾椎，部分腰带和后肢。顶骨残破，仅保存了后端，厚约1.2厘米。顶骨的后缘有一突出的詹形嵴。鳞骨和右方骨受压错位被挤向后方。方骨的形状与一般鸟脚类的方骨相似。有保存一个完整的枕髁，枕髁呈四边形，其关节面没有任何角度。

下颌仅有的一段右齿骨，齿骨高而薄，外侧有小的滋养孔。齿骨上有9个齿孔，其中有7个牙齿保存完整。牙齿纤细，单列，排列较紧密。牙根扁圆，牙冠边缘上有小齿，中间有一嵴，小齿在其两侧近于对称。齿冠内外侧均有齿质。牙齿在形态上相似于皖南龙的牙齿。

脊柱仅从荐部开始保存。荐椎体双平型，六个荐椎愈合，组成了荐带。荐椎的神经棘相连成板状。在第1和第2个荐椎间，荐肋与其愈合，椎体膨大，第4~6荐椎的腹侧有一纵沟存在。在荐带之上有加强的荐背肋。保存的尾前椎椎体双凹型，神经棘板状弓低，横突发达向外伸出。其特征与蒙古的肿头龙相似。

左股骨保存完整，全长12.4厘米。股骨前后弯曲，股骨头向上升起成一关节突。没有明显的颈部。小转节不发育，在其前缘成一扁嵴与股骨的前缘弯曲的弧度一致。第四转节发育为嵴状，位置较高。远端两髁不发育。

唯一保存的左肠骨部分已破碎，仅能从印模上给予复原。肠骨低，前突瘦长，在形态上相似于肿头龙科和平头龙科的一些特征。

这一小动物的头骨肿厚，头的后缘有篦状嵴，无疑属于肿头龙类。肿头龙是鸟臀目中比较稀少而特化的一个种群。第一个肿头龙是著名古生物学家雷顿在1856年记述的，仅有一颗牙齿，由于材料的贫乏，不可能进行进一步的探讨。直到某一年，另一位古生物学家研究了加拿大的新材料才建立了一个新科，总结了当时北美已发现的恐龙化石材料，建议肿头龙类归于鸟脚类，这类动物那时主要发现于北美晚白垩纪的地层中。1945年才建立了一个新科——肿头龙科。这9科被大多数古生物学家所接受。亚洲关于该科动物的第一次记录是1953年，根据了我国甘肃河西走廊的一些零散材料建立了一新种贝氏厚头龙。1974年，另外美国古生物学家记述了波蒙古生物考察队在蒙古人民共和国的一个白垩纪盆地发现的一些比较完好的材料，他们根据腰带的特殊性将它另立一个亚目。目前这一亚目包括7个属13个种。他们大致可以区分出两类：一类是头肿厚而高度隆起，上颞颥孔封闭，头上有骨质的结帮；另一类，头骨肿厚，但一般头顶较平，上颞颥孔不封闭。山东莱阳的恐龙化石标本头骨比较平，因此可归入后一种类型。在欧洲同期也有本科的肿头龙。但它的头骨的顶骨上有一个"V"形凹沟，明显与山东莱阳的标本不同。皖南龙是一种小型的恐龙，它的牙齿的特征与山东标本的牙齿很相似，大小也差不多。但它头上有密集的帮结，其顶-鳞骨不向外突出，而与山东肿头龙标本不同。因此我们认为我们

所处理的这个动物是一个前所未知的动物，因其个体比较小，故命名它小肿头龙。种名以它的产出地点红土崖表示，名字为红土崖小肿头龙。

肿头龙类的上述头骨上的差异，有的古生物学家曾提出是性别上的不同所造成的形态差异。他们认为头骨肿厚而拱起是雄性个体，而头平坦的是雌性个体，并认为雄性的头骨是一种性选择的结果，它如同某些现代的羚羊一样，在求偶时进行格斗，用头去冲撞，是追求雌性的特征。随着新材料的不断发现，有些学者提出了平头的肿骨龙与它们的时代有关，时代不同的肿头差别很大，头骨粗壮，但也呈拱形。整个荐部脊椎，特别是髋弧要比棘鼻青岛龙和金刚口谭氏龙粗壮得多。金刚口谭氏龙的荐部脊椎也愈合很深，与我们这个荐部脊椎同样代表一老年个体，相比之下，我们的这个标本比金刚口谭氏龙粗壮得多。整个荐部脊椎的神经棘呈薄片状，最宽的是第4个荐部脊椎的神经棘，最厚的是第5个神经棘。从第6个脊椎骨的神经棘开始，高度是越向后越高，但宽度不像巨型山东龙那样依次变窄，而是由窄变宽再变窄。在荐部脊椎的腹面最后四节，即在6~9荐部脊椎的腹面，可以看到有较深的直沟，直沟穿过由前后两个脊椎所并成的横棱，这是鸭嘴龙平头亚科所特有的。右肠骨只保存了髋臼的后突，比棘鼻青岛龙及中国谭氏龙长。前突未保存。保存的髋臼后突的长度为720毫米，修复后的长度为1135毫米。髋臼前高因未保存，无法测量。髋臼高为256毫米。反转节深度保存不全，其确切深度不知，就肠骨整个外形观察，比较接近于中国谭氏龙，与金刚口谭氏龙比较，更为接近。

过去在山东莱阳金刚口西沟共发现过两种鸭嘴龙，即棘鼻青岛龙与金刚口谭氏龙。这里描述的标本，由于在荐部脊椎的腹面有较深的直沟，显然应归于平头鸭嘴龙亚科，而棘鼻青岛龙的荐部脊椎没有这种直沟，因此我们的标本不归于青岛龙这一属是没有问题的。绝大多数的平头亚科的鸭嘴龙的荐部脊椎是由9个组成的，如黑龙江龙、肯吐龙等，中国谭氏龙并没有发现荐部脊椎，但金刚口谭氏龙是由9个脊椎骨组成整个荐部脊椎。我们的标本在肠骨的解剖特点上非常接近金刚口谭氏龙，而且我们的标本就采自金刚口西沟，在层位上相当于王氏群的第10段，在没发现头骨等更多的材料之前，把它归入谭氏龙这一属内是比较妥当的。巨型山东龙的荐部脊椎是由10个脊椎骨组成，体型比我们的标本大得多，显然不能归入山东龙属内。但我们的标本与金刚口谭氏龙比较起来，仍有种与种之间的差异，这主要表现在我们的标本荐部脊椎的神经棘较高而呈薄片状；横突几乎呈水平状；最后两个特大；髋弧比金刚口谭氏龙要粗壮得多。而且我们的标本看肠骨突小，肠骨后突较长。更重要的是金刚口谭氏龙荐部脊椎的腹面的直沟是通过第6~7椎体，我们的标本则通过第6~9椎体，这个直沟通过第几个椎体，在平头亚科的属种间是不相同的。例如在鸭嘴龙中是通过第6~7个椎体，而在肯吐龙中则通过第5~8个椎体，具体到种还有差异。基于上述的质变，因此把我们的标本命名为莱阳谭氏龙（新种），为探索山东莱阳鸭嘴龙动物群的组成提供了一点新资料。至于时代及层位，已有不少学者作过讨论，一致认为应属于晚白垩纪王氏组。

巨型山东龙

巨型山东龙是鸟脚类恐龙、鸭嘴龙科、山东龙属的一个种。植食性，高8米，长15米，头顶部光平无顶饰，是平头鸭嘴龙的代表。生活在中生代的白垩纪晚期。化石标本发现于中国的山东省。巨型山东龙化石在1964年发现于山东省诸城县，1972年巨型山东龙的正型标本首次在北京自然博物馆展出，中国地质博物馆门口就是一个高近8米长约15米的1:1的巨型山东龙模型。不过虽然巨型山东龙所属的鸭嘴龙类是两足和半四足并用的，可是这个体重将近8~30吨的大家伙能用哪个两条腿走路实在有点不可思议，现在一般认为巨型山东龙应该几本是四足的动物。下面是对巨型山东龙的详细描述。

正型标本的头骨，保存自头骨后部向前到额骨的前部，左边后眼眶骨的外侧部分没有保存。头骨最下边缺失一部分，整个头骨下部稍挤压，略向右侧方向移位。

头骨顶面较平，后部较宽，后部收缩狭窄者不同。从上面看，上颞颥孔前后长，在两孔之间的后部，顶骨的左右两侧各有一个向斜侧方向延伸的突起，右侧的保存完好，左侧的从根部破断缺失。自上颞颥孔后部一直向前至额骨中间，逐渐向下凹入，整个额骨形成一个盆状体。额骨保存到前部与鼻骨和前额骨的缝合线交界处，保存完好。额骨前部当中，有一前后方向的长约100毫米、宽5~10毫米，前宽后窄略为突起的部分。鳞状骨的骨后粗糙。鳞状骨前后的交界很明显，后眼眶和额骨之间的交界不清楚。顶骨把鳞状骨分开一直通到所谓的颈项韧带附着部位之上，很清楚。间顶骨仍然保存着，像一个长形的瘤状突起物，横卧在额骨中合缝后边。关于间顶骨的界线，前边及两侧与额骨之间的接界很明显，后边与顶骨之间的连接不够清楚。

头骨后面较宽，从后面看，枕骨大孔呈椭圆状，高稍大于宽，自枕骨大孔向上是较高的，这个左右宽、上下高之间是相当宽阔而平整的。

方骨只有一个左边的，长612毫米，比较直。上颚骨共有10个。上颚骨大部是残破的，只有两个左边的保存较好，一个是缺少后部的约五分之一，保存长度570毫米，修补复原后的长度700毫米，另一个只后部保存完整，这样可以看到全貌了。

前颚骨只保存一个左边半面的，保存长度362毫米，前宽198毫米，最前边略缺一点，最后与鼻骨接触的尖端部分破碎不全。整个前额骨较平坦，正中部位没有凸起的真棱，前沿也没有翻卷的边缘。外侧前沿有一扩展的边角，边角骨骼较厚，当中有凹入较深的横沟，沟内骨面粗糙，有两个较大的圆孔，圆孔不深。外鼻孔前部在前额骨板之下，因边缘破碎，形状不知，同时外鼻孔下边没有骨板接连。整个左前额骨内侧接触面的部位是平直的，是骨板接骨板，而不是缝合线式的。总的来说，前额骨的构造较特殊，与其他种类不同。

齿骨共有3个。左面的一个略小一点，保存自后向前至全部牙列部分，有60个齿沟，另一个只保存了后半部。

前齿骨仅保存左边的一部分，像半圆形套子的形状，从齿骨前边套下去。骨骼极薄，厚度为前部5～8毫米，后部3～4毫米。外面和上面有许多大小不同的穿孔，呈不规则的分散排列，内侧下边有一条宽90毫米，长190毫米向后延伸的骨板，平贴近齿骨前部的内侧。前齿骨十分特殊，与其他种类的样子不相同，其他种类大多为铲子形状。

它在生活的时候，个体笨重，前齿骨如此脆弱，与其他部分的骨骼不相适应，有可能部分角质物附在外面，否则很难想象它的使用。

单个牙齿采集了很多，约有200多个，但都破碎不完整。

颈脊椎有17个，其中一部分保存较完整，少数发现在头骨附近。椎体呈扁圆形状。前部颈椎的颈肋上下对称，不同于山东莱阳金刚口的谭氏龙那样明显的上窄下宽的"八"字形状。

胸椎和腰椎约有30个，其中大部分保存完好，半数有完整的横突。神经棘较高，扁平状，与东北龙比较接近，前部背脊椎有少数几个是较低而稍厚的，最后接近荐椎的几个开始变窄、加厚，但没有像克里托龙的样子显著在末端十分肿厚。神经棘高于埃德发托龙和阿纳托龙。其他构造与拉尔及赖特龙相似。

荐椎共有4个，其中一个保存比较完整，整个脊椎骨间都骨化而合成一体了。

鸭嘴龙亚科中，任何一属的荐椎没有超出9个的。

尾椎有百余个，大都是属于前部和中后部，缺少尾梢部分的。另外，肋骨30根，脉弧11个。

恐龙蛋化石

1922年7月的一天，虽然时令正是盛夏，但蒙古高原上还是凉爽如秋，不仅有汽车的马达声，还有人群的欢笑声。这里到底发生了什么事？原来草原上来了一群美国的古生物学家，在蒙古人民共和国境内寻找恐龙的遗骸。当他们

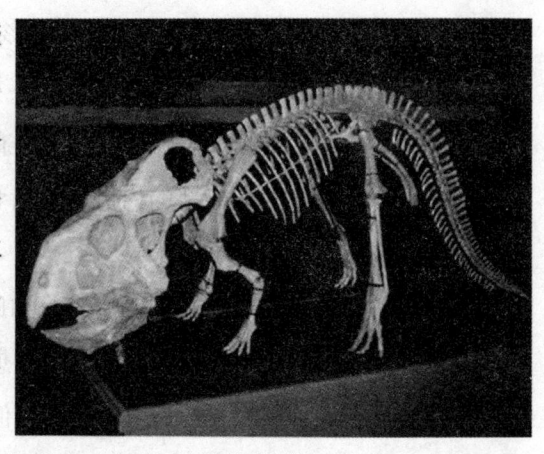

正盯着戈壁滩上岩层上的每一个变化时，忽然有人喊道："化石蛋！化石蛋！"这喊声像一声集合的命令，大家都跑过来观看，果然是一窝已经变成石头一样的化石蛋。再仔细观察，这一窝化石蛋中竟然有两个小恐龙的骨骼，说明它们刚刚被孵化出几天，可能正在由蛋壳向外爬时，泥沙就把它们埋藏起来，使其变成了恐龙婴儿的化石。由于在发现化石蛋的地方已经发现了许多原角龙的恐龙骨骼，所以有的科学家相信：这些蛋化石是恐龙下的蛋，更直接地说，是原角龙下的蛋。

这一发现，轰动了整个世界，各国的报纸都在显著的位置报道了这次发现，使人们相信，恐龙也和现代生存的爬行动物中的蛇、龟、鳄鱼等一样，是生蛋的。从此，研究恐龙蛋就成为某些古生物学家最感兴趣的工作了。

那么，恐龙蛋是什么样子？它们的大小和形状都一样吗？原来恐龙蛋也和恐龙本身一样，大小不一，形态各异。1930年的春天，和煦的春风吹遍了法国大地，一个法国农民正在深耕他的葡萄园时，忽然从地下挖出了一枚像篮球那么大的蛋化石，这枚蛋的直径有250毫米，平均容量为3.3升，比鸵鸟蛋要大两倍。这是用四条腿走路的巨大恐龙——高地龙下的蛋。到目前为止，它是世界上最大的恐龙蛋。1974—1975年，在中国河南内乡县也找到了一窝比较大的恐龙蛋，它的最大长径是175毫米，最大横径是102毫米，这是在中国境内发现比较大的恐龙蛋，属于原始类型的

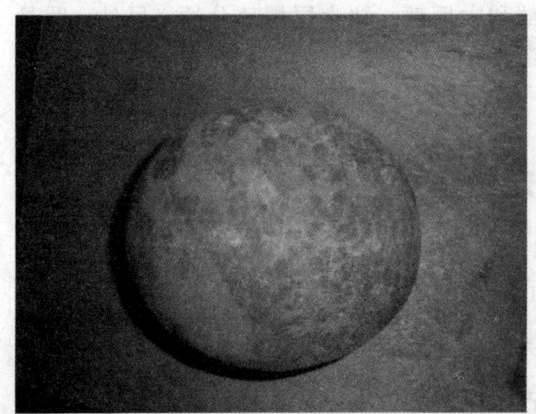

蜂窝状构造。但是并不是所有的恐龙蛋都很大，比如在中国山东省莱阳县发现的短圆蛋，最大的直径也不过95毫米。与北京人早上吃的早点之一——炸糕差不多大小。恐龙蛋的形状也不都是圆的，也有椭圆形的。同是圆形蛋，还可以分成短圆的或长圆的。如果把恐龙蛋的蛋皮放在电子显微镜下观察，可以看到蛋皮还分成内外两层。内层约占蛋皮的三分之一，上面布满了像乳头一样的小突起。外面有一层层的棱柱状层。内层与外层之间有气孔，是蛋呼吸的器官。如果把整个恐龙蛋切开，肉眼就能看到蛋黄和蛋白两部分，其实原来的蛋黄和蛋白已经被矿物质所代替，早就不存在了，整个恐龙蛋完全变成了石头。

有人问：恐龙的个子那么大，为什么它们下的蛋却不太大呢？因为，恐龙是爬行动物，爬行动物的特点之一，就是它们一辈子都在长个儿。所以恐龙蛋虽然小，也能长出大的恐龙。不过，它们的新陈代谢进行得很缓慢，不像别的动物增长得明显。另外，恐龙的个体也不都是很大的，最大的有26米长，最小的也不过是一只小鸡那么大（如在我国云南禄丰发现的大地龙）。很小的恐龙自然不会生出很大的蛋，至于大的恐龙为什么生的蛋很小呢？每一种动物长期适应周围的环境，在传种接代上都有一些最理想的适应方法。如果一只大恐龙生了一枚像12英寸电视机那么大的蛋，蛋黄、蛋白的重量很大，就很容易破碎。如果把蛋皮加厚，虽然可以保护蛋的安全，不致破碎，但恐龙的小宝宝很难用嘴把蛋壳打开钻出来。所以大恐龙生小蛋，既可以提高产蛋的数量，又便于保护蛋的安全，使它们孵出一个活一个，这样，恐龙的后代才能兴旺发达。成年的鸵鸟重量是鸵鸟蛋的2000倍，鳄鱼宝宝比它的蛋重2000倍。可见各类动物下的蛋都不是很大的。

那么，恐龙又是怎样下蛋的呢？在恐龙生存的时代，人类还没有出现，现在又没有活着的恐龙，谁也没见到过恐龙下蛋，要想知道它们是怎样下蛋的，的确有一定的困难。但是，任何事物都是可知的，通过发现一窝窝的恐龙蛋的排列方式，再考虑它们的远亲——龟、鳖、鳄鱼等下蛋的方式，特别是1978年美国蒙塔那州恐龙窝的发现，使科学家相信恐龙产卵的地方不是它们平时住的地方。在生殖季节到来时，雌性的恐龙就本能地选择地势较高，土地干燥，而且有温暖阳光经常照耀的地方去产卵。在中国山东莱阳和广东南雄以及在蒙古人民共和国境内发现的原角龙的蛋，在排列上都有共同的方式，那就是按椭圆形的圆圈呈放射状排列，大的一头向圆心，小的一头向外。椭圆形的圆圈重叠成三层，每层都两两成双。蛋的数目是越向圆心越少。如果把最外一层的小头的顶端用虚线连接起来，每窝蛋都呈现下大上小的椭圆锥形。根据以上的情况，许多科学家相信：恐龙在生蛋之前，先用前肢掘起一个圆坑，然后围着这个圆坑一圈圈地下蛋。每生完一圈蛋，就用土盖好，最多的可以达到四圈。生下来的蛋大多是斜放在土堆上的，这样有利于保护。生完一圈就盖上一层土，也是为了使蛋壳不受损伤，不被其他动物或风、雨等自然力所破坏。只有按放射状排列，才能最大限度地吸收阳光。恐龙从来不自己孵化自己的蛋，阳光是促使恐龙的幼儿破壳而出的助产士。有些恐龙生蛋的方式与现代的龟鳖或鳄鱼有相似之处，也是先掘好一个坑，把蛋下在坑内，然后用干沙埋好，所有的蛋都不重叠。在中国山东莱阳发现的短圆蛋就是这样。小恐龙出生后可能像鸟那样生长速度快，而且要由父母照顾一段时间，由父母供给食物，可能幼仔长大到成体长度的一半时，父母才放心地叫小恐龙在那个充满了安乐与竞争的中生代的大地上去接受生活的磨炼。

　　研究恐龙蛋有什么用途呢？恐龙蛋的大小和形状不同，蛋皮的构造也不完全一样，所以恐龙蛋也是暴露恐龙秘密的一个方面。利用电子显微镜对恐龙蛋片进行详细的观察，根据它们的形态的不同进行分类，可以知道某一地区到底有哪些类型的恐龙曾经在那里生活过。如果在这一地区还找到了恐龙的骨骼，或者恐龙蛋中还有未孵化出的小恐龙，那就可以更合理地推测这些恐龙蛋片是哪一种恐龙留下来的。比如说，在中国的山东莱阳发现了四种圆形蛋，在那里又发现了好几种嘴像鸭子一样的鸭嘴龙骨骼化石，科学家就推测那是在7000万年以前鸭嘴龙留下来的蛋。另外，通过研究恐龙的蛋片，也可以探讨恐龙的生理。比如说，近年来国外不少研究恐龙的专家都主张恐龙是热血的，而不是冷

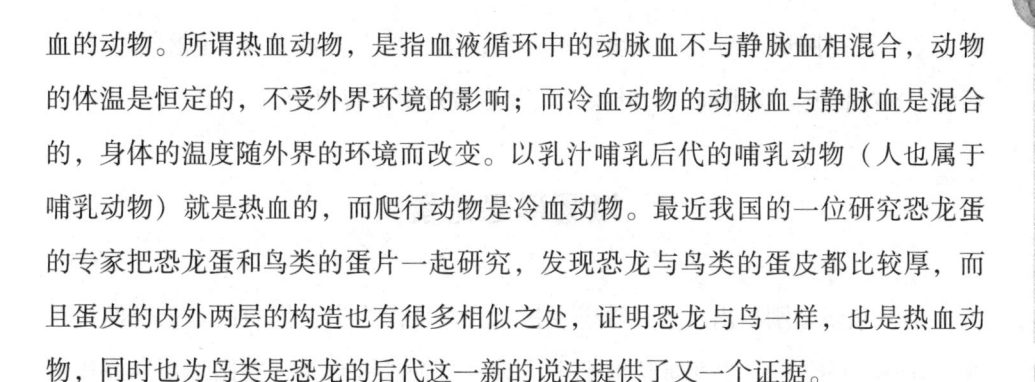

血的动物。所谓热血动物，是指血液循环中的动脉血不与静脉血相混合，动物的体温是恒定的，不受外界环境的影响；而冷血动物的动脉血与静脉血是混合的，身体的温度随外界的环境而改变。以乳汁哺乳后代的哺乳动物（人也属于哺乳动物）就是热血的，而爬行动物是冷血动物。最近我国的一位研究恐龙蛋的专家把恐龙蛋和鸟类的蛋片一起研究，发现恐龙与鸟类的蛋皮都比较厚，而且蛋皮的内外两层的构造也有很多相似之处，证明恐龙与鸟一样，也是热血动物，同时也为鸟类是恐龙的后代这一新的说法提供了又一个证据。

在距今7000多万年以前的红色岩层的冲沟里，经常会找到黑色的或黑色带红的或灰色的恐龙蛋的碎片。如果顺着这些碎蛋片向上寻找，有时很容易找到一窝窝的恐龙蛋。亲爱的读者，如果你有机会，不妨试试看，有趣的恐龙蛋中还有不少的奥妙等待你们去揭晓！

圆镜中国龟

这件龟化石标本产自山东新泰宁家沟，生活时代为中生代侏罗纪晚期（距今约1亿年前）。属曲颈龟亚目、中国龟科、中国龟属的一种龟。这个化石点还发现了很多种爬行动物化石，有师氏盘足龙、剑龙亚目的几个种，另外还有狼鳍鱼等。

圆镜中国龟的甲壳卵圆形或亚圆形，披有上皮盾片。背甲低平。椎板完全，上臀板2块，颈板宽大，椎盾多成六角形，肋缘缝常在肋缘沟之上。腹甲退化，多少成十字形，具腹甲中窗或侧窗。腹甲后叶瘦长。标本甲壳椭圆形，椎板8块，多较狭长，除第1、第8块外，多成宽边朝前的六角形，第8块椎板后部常退缩。上臀板2

块：第一块呈圆形，与最后一块椎板分离；第二块上臀板横宽，包围第一臀板后缘。8对肋板。腹甲前、后叶狭，具菱形或亚菱形腹甲中窗。

短圆形恐龙蛋

山东莱阳金刚口出土了三枚恐龙蛋化石，时代为中生代的白垩纪晚期（距今约6500万年前）。恐龙蛋从形态上大致可分为长圆形蛋、短圆形蛋和厚皮蛋三种，在显微镜下观察，这几种类型的主要区别是短圆形蛋厚度大，乳状层相对较大，柱状层的分带清楚，气孔道直，上部扩大，外气孔低凹；长圆形蛋壳薄，柱状层的结构松匀，外孔少，气孔道直，口径上下一致；厚皮蛋蛋壳较圆，壳皮很厚，5~7毫米。我们介绍的莱阳的这三枚恐龙蛋是短圆形蛋。

中国是发现恐龙化石较多的国家之一，除山东，河南、辽宁、广东、云南、贵州、江西、浙江、安徽等省份也有多次发现。另外山东的诸城也是发现同时代、同类型的恐龙化石产地。从目前的研究水平来看，对恐龙蛋的研究还属初级阶段，虽做一些蛋皮结构的研究工作，但现在基本上还是从蛋的大小和形状来分类、定名。有些问题还很难解决，例如，所发现的蛋是哪种恐龙下的，这类问题现在还搞不清楚，这个问题只能随着恐龙蛋化石资料的增加和研究的深入最终得出一个明确的答案。

就莱阳发现的短圆形恐龙蛋化石与其他地方发现的恐龙蛋在形态上还是有一定区别的，其主要特征是一般较小，最大直径不超过100毫米，而广东南雄的长圆形蛋最大直径可达400毫米以上；壳的厚度较大，平均厚约2毫米；壳表面有成楔形或不规则的凹沟；另外蛋壳内多为方解石晶体填充。以上的形态特征有别其他种类的恐龙蛋化石，这为研究当时恐龙种类的多样性提供了有力的证据。

硅藻中新蛇

该蛇化石标本产自山东临朐山旺硅藻土矿的页岩中，生活在距今1700万年前的中新世中期，属蛇亚目、游蛇科的一种蛇。

这种蛇有着进步构造，颌骨分化得大，后骨不直接相连，鼻部和脑颅的额部有自由活动的关节，上颌骨与额骨关节可以活动，腭翼骨棒与脑颅也可以活动。无前上颌齿，上下颌齿列发达，翼骨直达方骨，方骨长，直向后下方伸出，从而增加嘴裂宽度。牙齿大小较均匀，齿列不甚退化。

躯体较长，无后肢残余痕迹，椎下突遍及躯体。腹鳞宽大，头背上覆大形对称鳞片。

游蛇科包括各类不同生活习性的蛇类，有陆栖的、水生的和树居的。

化石标本身体中等大小，体长0.5~1米。牙齿细小，分布紧密。上颌齿数15个左右，牙齿向后稍增大，最后两齿无特殊增大现象，与前面牙齿之间也无齿隙。颌骨齿11个左右，翼骨齿根细小，沿内侧边缘分布，翼骨呈扁的三角形。椎下突遍及全身，突起较短，但前后高度差不多，无向后增高现象。

你所不知道的哺乳动物化石

真恐角兽

真恐角兽属于冠齿兽科,是一类已绝灭了的大型钝脚兽。真恐角兽仅在亚洲晚始新世地层中发现,因此是确定上始新统的标准化石之一。百色盆地的真恐角兽材料是钝脚类化石在西南地区首次记录,也是这一类动物分布的最南端的地点。这一材料的发现对探讨这类动物的迁移和演化都有一定的意义。同时,对于确定百色盆地早第三纪哺乳动物群的时代和地层对比增添了新的证据。真恐角兽属中始新世晚期—晚始新世早期的一种体形硕大的化石灭绝种类。

标本为残破左、右上颌骨,左上第1前臼齿至第3臼齿和右上第1前臼齿至第3臼齿均完整,左、右上犬齿及一颗左上门齿不在原位。

这个化石种的特征:个体巨大,上犬齿相当粗壮,前臼齿原尖呈孤立锥形并紧靠前尖,且两齿尖近等高,"V"形脊两翼夹角小。臼齿为强脊形齿,原尖和后尖相对更靠近舌面;中附尖发育,呈锥形;后尖"V"形脊两翼夹角中等;臼齿前、后和内齿带发育。

1845年,欧文首次记述了欧洲下始新世的冠齿兽类化石。之后的100多年里,又陆续在欧洲的早始新世地层、北美的古新世晚期到始新世早期地层中以及亚洲的始新世各期地层中发现此类化石。迄今为止,冠齿兽科包括以下6个属:冠齿兽、真恐角兽、盔冠齿兽、亚洲冠齿兽、后冠齿兽、异冠齿兽。

有记载的真孔角兽只分布于亚洲，在我国山东、新疆、内蒙古、广西、河南等地均有发现。

此处所述的化石标本与已知的真恐角兽相比有一些独具的特点：前白齿原尖不仅为孤立的锥形，而且紧靠前尖，并与前尖近等高。此外，在已发现的冠齿科的其他属中，原尖均明显低于前尖，且二者不紧靠。因而这一特点是否是属一级之间的差别，还有待今后发现更多的材料予以确定。

冠齿兽类主要繁盛于始新世，前面已讨论了真恐角兽属与冠齿兽科其他属之间的差异，结合其他各属的特点，可将始新世冠齿兽科的演化分为早、中、晚期三个阶段，从中可发现以下几种演化特点：

（1）始新世早期，如冠齿兽、亚洲冠齿兽、假恐角兽中的上前白齿发育原尖"V"形脊或具原尖前、后棱；而到中期，如后冠齿兽则至少上第四前白齿原尖已为锥形，第2、第3前白齿仍具原尖棱和较弱的后棱；到晚期，如假恐角兽，第3、第4前白齿的原尖前、后棱消失，成锥形。

（2）臼齿脊形化程度从早期、中期到晚期由弱逐渐变强。

（3）臼齿原尖"V"形脊后翼从早期的较短，到中期保留痕迹，至晚期后翼消失，形成单一的原脊。

（4）臼齿原尖"V"形脊前翼同后尖"V"形脊前翼亦从早期的不平行到中期近平行至晚期达到平行，反映后尖"V"形脊的夹角逐渐减小。

（5）臼齿后尖"V"形脊前翼从早期明显短于原尖"V"形脊前翼至中、晚期逐渐增加到近等长，体现后尖的位置向舌侧位移的变化过程。

1992年、1993年，考古学者王军、王景文曾对黄庄组进行考察，发现原黄庄组地层下限划分上尚存疑问。另就黄庄动物群而言，已发现7目，其中哺乳类5目，已鉴定到属的有9属，共15个种，还有部分标本有待研究。而9属中有7属可在不同地区伊尔丁曼哈期动物群中找到，有8属则见于不同地区沙拉木仑期动物群中。这表明黄庄动物同伊尔丁曼哈期动物群及沙拉木仑期动物群均具可比性，从动物群组成成员上反映出黄庄动物群和洞均动物群很可能都是伊尔丁曼哈期动物群向沙拉木仑期动物群过渡的。因而可否认为黄庄动物群的面貌相对更偏向于沙拉木仑期动物群，而将以前仅见于伊尔丁曼哈期动物群的Breviodon作为伊尔丁曼哈期的残存属看待。据此黄庄动物群的时代或许可同沙拉木仑期，即晚始新世早期时代相当。当然，黄庄组的时代下限可能下延到伊尔丁曼哈期，即中始新世的晚期。另据本文中所述的泗水真恐角兽，其上第2、第3臼齿原小尖痕迹保留，较洞均动物群的粗壮真恐角兽为原始，时代不是没有可能稍早。

1985—1986年，古脊椎动物与古人类研究所王景文，山东省地质科学研究所沙业学以及山东省博物馆石荣琳等对该区进行过地质调查，获取了大量化石标本，并在该区测制了新的地层剖面，建立了晚始新世黄庄组。1992—1993年，考古学者王景文、王钊及笔者进一步在曲阜黄庄及其邻近地区考查，又采集到不少有价值的标本，这些发现为冠齿兽科动物的演化趋势及黄庄动物群时代的探讨提供了重要依据。

后冠齿兽

后冠齿兽是拥有犀牛般体型的全齿目动物，是始新世蒙古的原住民。它们很像其祖先冠齿兽。后冠齿兽与戈壁兽是同期的动物。后冠齿兽属钝脚目、冠齿兽科。这种动物是一种体型较小的类型，以食树叶和草为主。但这种动物只是一个过渡类型，到第三纪末期就已经绝灭了。地质时代为新生代、第三纪、中始新世早期。

标本为一块存有第2臼齿至第3臼齿的上颌。其主要特征：第3前臼齿具明显的原尖前棱；第2前臼齿原脊上相当于前小尖的位置稍有膨胀，臼齿外脊都很长；下臼齿斜脊很不明显。第2前臼齿宽度小；前附尖和后附尖相距较远；后附尖稍向后撇；在前、后附尖中间凹口上有小的瘤状突起。第3前臼齿具明显的原尖前棱；前后尖的前翼为一曲线，比较短；其后翼平直，比较长；前齿带较宽。第 4 前白齿长度明显加大；原尖孤立；前后尖的后翼平直，后附尖不向后撇。第 1 臼齿原脊和外脊长度较大，两条脊几乎平行，外脊几乎达到舌面一侧的边缘；前附尖孤立；前齿带宽。第 2 臼齿原脊和外脊相距较大，外脊颇长；前附尖孤立，颇大；前后齿带均明显，但在原尖的基部被阻断。第 3 臼齿仅存一段明显的前齿带和一段原脊。下犬齿齿体粗大，外侧面观呈箭头状。下第 4 前白齿下三角座长度大；下内尖棱低矮，但十分明显。下第 1 臼齿下后尖高耸，下后脊和下次脊相距较近，斜脊较明显，仅外侧中部具一小段齿带。下第 2 臼齿个体较大，下三角座较长，下次脊较长。

除新泰标本外，在内蒙古伊尔曼哈层采集了假恐角兽属的山下齿列标本，并在乌兰勃尔和采集到光耀后冠齿兽的部分头骨及上颊齿列。这两属和冠齿兽属易于区别。它们都没有冠齿属的上前白齿的原尖，即原尖前棱和原尖后棱并存。假恐角兽属的原尖是孤立的一个齿尖，而光耀后冠齿兽的第 2 和第 3 前白齿仅具原尖前棱。臼齿的原尖一般都向后伸，并时有明显的次尖，因而外脊短。而冠齿兽属和光耀后冠齿兽的原脊总平直的，原尖从不向后伸；外脊长，后尖位置几乎达舌面。此外，冠齿属的上前白齿的前后尖总是呈"V"形的，而在假恐角兽和光耀后冠齿兽中这个"V"形几乎呈"U"形。

新泰标本和内蒙古标本主要有如下两点区别：新泰标本的个体较小；它的上白齿不具次尖，而内蒙古标本的第 1 至第 3 臼齿都具一小而低的次尖，但这些次尖较冠齿兽属的要小得多，毫未影响外脊的长度。

采自同一地点的钝脚类的弗氏冠齿兽，仅以白齿为代表，与本种区别不大，主要四它的后尖更远离舌面，因而外脊较短。弗氏冠齿兽似应归入这个新属，这个问题目前暂不处理。这里提到的是后冠齿兽的牙齿特征，新泰冠齿兽显然具后冠齿兽属与假恐角兽属之间的过渡性质，它很可能是衔接两个属的一个环节属，也就是说，新泰冠齿兽是一个两属过渡的种类。

鼩

鼩是一种外形像老鼠以吃昆虫为生的哺乳动物，它们的食物是蠕虫、蜗牛以及其他小动物。它们新陈代谢的速度让人难以置信，并且每时每刻都在搜寻着食物。为了维持快速的新陈代谢，鼩几乎没有停止过工作。他们每天需要消耗相当于自己体重的2～3倍的食物来维持生存。

在亚洲早第三纪食虫类的研究还处于起步阶段，目前只有少数几个地点发现，且材料保存完整的更少。因此，有关亚洲种类位置及亲缘关系尚未取得共识。

食虫类可分为四个亚目：猬形亚目、鼩形亚目、马岛猬亚目和金毛鼹亚目。后两个亚目是非洲特有的，形态比较特殊，而猬形亚目和鼩形亚目在北半球广泛分布。早第三纪猬形亚目已由名叫Novacek的古生物学家作过系统的研究，并综合了猬形目的牙齿特征：第1前臼齿小，单根；上第1前臼齿至第3前臼齿以单尖为主；上第4臼齿跟座短，成盆状或异形，跟座无齿尖或有很小的齿尖；臼齿1～3下前尖前后收缩，成脊状或棱背状；下三角座其他齿尖低，很少成脊状并明显地向前倾斜；臼齿1～2跟座几乎与三角座相等或宽于后者，下内尖高，下次尖低，稍经磨蚀即磨平；前第3臼齿小，冠面呈三角形；第4前臼齿时常有次尖，后尖弱或缺失；第1～2臼齿长方形，附尖架窄，次尖和后内侧齿带明显。Novaeek等提出的猬形类牙齿特征中，昌乐鼩有七八项与之相同，如第1前臼齿小，单跟；第1～3前臼齿单尖；上第4前臼齿跟短；第1～3臼齿下前尖成棱脊状；第1～2臼齿跟座与三角座几乎相等，下内尖高；下次尖第3前臼齿小；第4前臼齿后尖缺失；下第1～2臼齿成长方形，附尖架窄等。除此之外，昌乐鼩与猬科共同特征有臼齿向后逐步变小，下臼齿唇侧齿尖有些向外肿大。但是昌乐鼩与归入猬形亚目的动物也有一些明显的区别：上第3～4前臼

齿和上第1~3臼齿的主要齿尖比较高、锐，第4前臼齿无次尖，第1~2臼齿次尖小，第4前臼齿和第l臼齿有强大的刃状后尖脊。

貂形亚目臼齿齿类低钝不同，鼩形亚目的臼齿齿尖相对高瘦，在这一点上昌乐鼩似应归入后一亚目。上面已提到昌乐鼩在上臼齿的形态上与本亚目的另外一个属接近，这两属在下臼齿的形态上也相当接近。综合如下：上第4前臼齿半臼齿化或臼齿化，下臼齿齿尖尖锐，下次沟深，跟凹深，跟座和三角座等宽或跟座更宽一些；下次尖高，下次小尖不退化；上第4前臼齿半臼齿化，有后尖；第1~2臼齿齿尖高锐。这一综合特征基本反映了夜鼩类动物的共同特征。虽然也有例外情况，如下次尖常驻深，也不是所有夜鼩类动物的共同点。昌乐鼩与已知的夜鼩相似在于三个下门齿具有指状侧缘；犬齿通常前臼齿化；上第4前臼齿和下臼齿尖比较尖锐；下臼齿下次沟常较深，跟座和三角座宽度相近，下内尖棱明显，下次小尖不退化，更靠近下内尖；上第4前臼齿和第1至2臼齿齿尖尖锐，上臼齿附尖区较窄，中央脊较清楚。两者不同处在于：昌乐鼩上第2前臼齿单跟，上第4前臼齿下前尖和下后尖较小，跟座短宽，不成盆状，无下次尖，下臼齿向后明显变小，下次尖和下内尖之间有明显的凹缺，下内尖相对较高，下第4前臼齿无后尖，后附尖脊强；上臼齿前附尖不大向前突出，下第1臼齿后附尖脊发育；下第1臼齿大于下第2臼齿。

近鼩科包括了欧洲和北美早第三纪晚期和晚第三纪的一些种类，与鼩鼱科一样具有一增大的下门齿，下门齿和下第3前臼齿之间臼前齿单根，小，单尖，臼齿向后小。近鼩科的下第3前臼齿双根，下第4前臼齿具下前尖和下后尖，上臼齿横宽，外脊不成"W"形脊，附尖架宽等与鼩鼹科不同。而昌乐鼩与这些鼩形动物在牙齿形态上虽然有些相似点，但差异明显，很难归入。

从以上比较中可看出，昌乐鼩与夜鼩科最为接近，但又有明显的不同，可能代表早期鼩形类中的一支。

意外山旺蝙蝠

意外山旺蝙蝠属哺乳类、翼手目的的一种蝙蝠，它生活在第三纪中新世纪中期（距今约1700万年前）。因为这件标本是无意发现的，因此，定名为意外山旺蝙蝠。

翼手目即蝙蝠类动物。由于它的前肢特化，向后至躯体两侧、后肢及尾间长着一层薄薄的翼膜，很适于飞行，所以有"翼手"之称，这也是哺乳动物中唯一能够真正飞翔的一类。

本目兽类体形很小，种类繁多，大多数种类食虫，少数食果类，夜行性。

蝙蝠从种数讲，仅次于啮齿类，除南北极及一些边远的海洋小岛屿外，世界上到处都有蝙蝠，热带和亚热带蝙蝠最多。几乎所有的蝙蝠都是啊白天憩息，夜间觅食。蝙蝠的颜色、皮毛质地及面型千差万别。蝙蝠的翼是在进化过程中由前肢演化而来，是由其修长的爪子之间相连的皮肤（翼膜）构成。蝙蝠的吻部像啮齿类或狐狸。外耳向前突出，很大，而且活动非常灵活。蝙蝠的颈短，胸及肩部宽大，胸肉发达，而髋及腿部细长。除翼膜外，蝙蝠全身覆盖着毛，背部呈浓淡不同的灰色、棕黄色、褐色或黑色，而腹侧颜色较浅。

蝙蝠类是由森林生活的食虫类进化来的，可以看做一类高度特化的原始食虫类，但它们与食虫类的区别也较显著，如前肢特长，头骨吻部短，并有发育的矢状嵴和膨大的听囊，适于夜间飞行。

蝙蝠类可能从古新世起就已经有飞翔的能力了，因为北美洲及欧洲始新世中起发现的蝙蝠类已有发育良好的皮膜。

翼手类分为两大亚目：大蝙蝠亚目和小蝙蝠亚目。

意外山旺蝙蝠化石属硅藻土印痕化石。右翼连同膜均保存完好，左翼、头后部和肱骨以上部分保存较差。体形较大，头较小，尾椎有9～10节，前肢特大，有爪。此类化石在山东尚属首次发现。

硅藻鼠

硅藻鼠属中新世中期的啮齿类一种鼠。

标本在埋藏时头后的躯干部分由于受到下侧的挫挤，把软体部分压到上方，造成脊柱以上过宽的软体印痕。整个骨架由于挤压已模糊不清，仅保留了一个侧面的痕迹。

标本上保留下的软体印痕成黑色，毛须为深棕色。吻部保存了十条长短不一的胡须，长者达25毫米。背侧的毛保存较好，多为粗的刚毛，绒毛不很清楚。毛以腰臀部最粗长，粗者约0.08毫米，长达25毫米。颈肩部毛短而细，长约7毫米，头骨后枕部毛长12毫米，较臀部者细，胸腹部毛不清楚，或是仅具绒毛。近鼠鼷部有细长出现，肛门附近也有15毫米长的细毛。

在啮齿类中，颊齿花样纹饰复杂，常有牙齿相似而分类系统都不一样的情况。在已知种类中，与山东硅藻鼠相似，有4个双脊型牙齿和松鼠型角突者大体有两类：一是粟鼠类中大部分的种属；另一个是非洲跳兔科。

粟鼠超科包括粟鼠、异鼠科及始鼠科三科。前两者是自渐新世至现代广为分布在美洲（主要是北美洲）的土著种类，具有松鼠型的咬肌结构、小的眶下孔和双脊型的颊齿。异鼠科出现于渐新世早期，在生态上多是疾走或跳跃类型。异鼠科又分三个亚科，临朐的标本很难说能与其中哪一亚科或属种直接对比。一般讲，渐新世的异鼠等都是典型的双排丘形齿，这显然比在齿型进化阶段上要原始些。后期或现生的异鼠类多是高冠甚至生长的颊齿，而且颊齿双脊多在中间或侧方相连成"H"或"U"形式

样。唯在第三纪的某些种类中，如同上新世的有些相似，但前者的齿冠又显著高于山东标本。

总之，根据硅藻鼠属的材料，使我们难于给硅藻鼠属一个确切的分类位置。就牙齿讲，它和某些中的属相似，如今后证实有大的眶下孔和豪猪形咬肌结构，那它应归入相近的一类；反之，如目前所推测的这样，那把它放在粟鼠超科应当是恰当的。但不论硅藻鼠属高一级的分类地位如何，作为一个新属，其界限是清楚可靠的，甚至属以上一级，作为科的界限也在一些方面可以成立，但这有待更多的材料证实、补充和修正。

2005年国际野生生物保护协会的科学家在老挝中部山区发现了一种全新的啮齿动物，命名为"老挝岩鼠"，并为它划分了一个单独的新科——老挝岩鼠科。生物学家正为这个发现欣喜若狂时，古生物学家却意外发现，这个新物种竟与中科院古脊椎所研究员李传夔在1974年发现的山东山旺硅藻鼠非常相似。于是，科学家将老挝岩鼠的头骨、牙齿、脊椎等与山东硅藻鼠的化石进行了120多处仔细比较，最终确认，老挝岩鼠并非想象中的新物种，而是山东硅藻鼠的孑遗。

原本以为灭绝的物种被"重新发现"，在古生物学中被称为孑遗，这种现象非常罕见，对研究生物演化具有重要意义。例如，生活在三四亿年前的原始鱼类腔棘鱼本以为已灭绝，20世纪却在马达加斯加的深海中发现了它的踪影，曾引发学界巨大震动。

亚洲梅氏松鼠

梅氏松鼠属啮齿目、松鼠科、鼯鼠亚科、亚洲梅氏松鼠属中的一种个体较小的松鼠。地层地质年代为距今1700万年前的中新世中期。

梅氏松鼠在松鼠科中属个体较小的一种。颊齿低冠，构造简单；上下齿凹中具珐琅质褶嵴且深。第3前臼齿小，柱状。第4前臼齿比第1前臼齿小，两者均方形，都没有次尖，但有强大的前附尖及明显的中附尖原小尖、后小尖和弱的外脊；第3臼齿次尖呈三角形，外侧尖极发达，无后脊。下颌齿似菱形；没有下中尖和下中脊，但具下中附尖及前边尖的痕迹；下外背、下脊和下次脊不连续。齿冠釉质层粗糙。

从第4前臼齿至第1臼齿有四条横脊，下臼齿菱形，上述标本无疑归入松鼠类。山旺标本具有突出的颅顶，有一粗大的尾巴，四肢长，且前后肢长相差不大，表明了它不可能属于为适应挖掘生活的松鼠类。其呈次方形的上臼齿、较粗钝的齿尖、低的齿脊和不发达的后小尖等，反映了颊齿的压榨功能或以种子和浆果为主食的习性，而区别于适应草食、为切割所具有三角形的上臼齿、锐利的齿尖、高的齿脊和发达的后小尖的地松鼠。其短的吻部、较突出的鼻骨则是现生飞松鼠如鼯鼠所具有的。

从山旺标本具很简单的颊齿构造，有宽大具有粗糙的珐琅质褶脊的齿凹看，它无法与中国已知的其他标本对比，而与欧洲松鼠科的特征却十分相近。

从中尖而与本科的另一属有着共同的特征；又以具中附尖、下中附及前边尖的痕迹，上臼齿外脊和下臼齿内脊都极弱。但我国的这一标本具有独立的中附尖，第4前臼齿的原脊和后脊上有许多附属小尖，中间上臼齿具有明显的原小尖和后小尖的脊，如上臼齿前附尖的发育程度，有无独立的中附尖和小尖；在上臼齿外脊和最后一颗臼齿外主尖的发育状况和在下臼齿是否具有下前边尖和下中附尖上彼此有别，使亚洲这一松鼠无法归入上述任何欧洲的一属。因此，它应代表松鼠科在我国中新世发现的一新属。或许与山旺动物群其他某些种类所指出的那样，在时间上相当于桑桑期的进化水平。

由于梅氏亚洲松鼠是中国新第三纪发现的唯一飞松鼠，还不足予讨论其起源。但综上所述，有理由推测，梅氏亚洲松鼠属与欧洲的两个属在渐新世的某种可能有着共同的祖先。

杨氏半熊

半熊是已灭绝的像熊的动物，衍生出半狗科分支。它们长约1.5米，高约70厘米，身体比例像虎，而牙齿像狗。它们生存于2200万年前中新世的欧洲、亚洲及北美洲。一般认为半熊是高级肉食及掠食性动物。半熊不像现今的熊是蹠行的，而是趾行及有长的中骨。这显示半熊是活跃的掠食者及奔跑能手，估计是在平原群体捕猎的。它们因此与熊有所区别，而更像狗。

半熊的物种是于1800万年前的亥明佛德阶出现，故它们是最早在北美洲出现的。这些北美洲物种与波尔迪阶欧洲的物种是近亲。其他半熊化石包括：

在中国甘肃临夏盆地中新世中期地层发现的 H. teilhardi。

在中国发现中新世早期的半熊标本。

青藏高原东北边界临夏盆地发现的中新世中期半熊标本。

西班牙萨拉戈萨省发现的中新世中期 H. sansaniensis。

西班牙塔拉索纳发现中新世中期的 H. mayorali。

马德里发现的半熊标本。

土耳其安卡拉发现中新世中期 H. sansaniensis。

波斯尼亚发现下中新世的 H. stehlini。

特拉华州发现亥明佛德阶早期的半熊标本。

新墨西哥州中新世圣塔非地层发现完整的半熊标本。

杨氏半熊属熊科、半熊属的一种熊，体形中等偏小，为绝灭种类，生活在距今1700万年前的中新世中期。化石第4前臼齿的主尖的附尖较大，第1后臼齿前尖高大，其前缘向后上方倾斜，跟座的外后角向后外方突出，研究后表明，犬熊和半熊的上牙有明显的区别，前者第4前臼齿的原尖小，第1后臼齿为三角形，而后者第4前臼齿的原尖大，第1后臼齿为长方形或梯形，有次尖。根据这些特质，山旺化石标本应归入半熊属。

内蒙古通古尔晚中新世的德氏半熊是我国近半个世纪以来作为半熊的唯一记录。它和山旺标本有明显差别，特别是山旺标本的右下第 2～4 前臼齿主尖都有附尖，而德氏种无此尖。前者第 4 前臼齿原尖几乎位于裂齿中部，个体也偏大。它们显然不会是同一种动物。

犬熊和半熊的下牙不太容易区别。我国过去只报道过三种犬熊，都是依下牙而建立的：孔子犬熊，对于它们是否都是犬熊的问题，过去相当长一个时期难以完全肯定。我们把山旺的标本和上述的几种犬熊进行了详细地对比后发现，1981 年研究员陈冠芳记述，采自湖北钟祥"早上新世的杨氏犬熊几乎和山旺的标本雷同，它们不但可以视为同属，而且应该归入同种"。它们的共同点表现为：右下第 4 前臼齿的主尖后都有很大的附尖，牙齿的内侧隆凸，外侧稍凹；右下第 4 臼齿的下前尖高大，其前缘向后上方倾斜，跟座的外后角突出，跟座低，下次尖外壁倾斜，跟座内缘有一纵脊等；右下第 4 臼齿有下前尖，三角座相对较大，下内尖退缩；两者大小相近。

研究员陈冠芳主要根据右下第 4 前臼齿有后附尖这一特征，把钟祥的标本归入了犬熊属。的确右下第 4 前臼齿主尖后附尖的有无，一直被认为是区别犬熊和半熊的主要特征。但有的材料表明，早期的一些半熊，不仅右下第 4 前臼齿，而且右下第 2、第 3 前臼齿的主尖之后都有附尖。因此，这一特征已不能作为这两个属的唯一分类依据。山旺标本中，属于同一个体的上牙，其半熊特征已很明显。现在看来，上述下牙上的三点特征应该是早期半熊的特征。

原先广义的把半熊亚科分成了三个属，除了半熊属还有另外两个属，它们之间的差异不大，其主要差别表现在右上第 1 臼齿有明显的下前尖。根据以上材料的分析和比较，山旺标本应归入半熊亚科、半熊属，定名为杨氏半熊。

寇氏柄杯鹿

寇氏柄杯鹿是柄杯属的一种鹿，生活在距今 1700 万年前的中新世中期。这种鹿的角似高脚杯的形状，没有明显的眉枝和主枝之分，故起名叫柄杯鹿。

头骨化石很深，黑色，受过侧压。除右角及右侧犬齿以外，头骨右半侧由于采集时不慎，均已损失；左侧保存较好，头骨的脑颅部分，自角柄基部以后及颧弓后方大部均损失。上第3臼齿以后腭骨部分以及下颌骨在第3臼齿的后叶之后的部分均缺失。左角柄只保存下半段；右角保存较好，角柄上段的掌状分叉的中心部分保存完好，可以清楚地见到其分叉的状况，掌状部分以上的角枝则已损失。

额骨上一对几乎垂直耸立的角及上一对锐利长大的犬齿是突出的特征。两支鹿角几乎垂直着生于头骨之上，角柄长，上端有明显的掌状部分，面积不大，由此分出四支分叉。上牙无上门齿。上犬齿长大，为一向后弯曲的獠牙，具有锋利的后刃。三个下门齿均保存，牙冠形状相似，抹刀形，咬合面半圆形，有釉质层包围，下犬齿小，门齿化，位于第3下门齿之外侧，牙冠裂失。

根据以上描述，这里所记述的标本无疑属于柄杯鹿属。它是一类小型的原始鹿类，大小与现代麂类相仿。但是对山旺的柄杯鹿种名的确定，有一些困难。因为早期的研究者前后提出了好几个种名，研究者杨钟健（1964年）提出，异角鹿属仍当认为是一个独立属，并认为研究者德日进（1939年）所记述的"辛氏柄杯鹿"应另记一个新种名，即德氏柄杯鹿为山旺的第三个柄杯鹿名称。

已知山旺中新世中期的原始鹿类共有三属、三种，即辛氏异角鹿、涂氏皇冠鹿和冠氏柄杯鹿。辛氏异角鹿属可能属于原古鹿科，后两个属均属于麂亚科。

柄杯鹿属的系统位置：

（1）首先第一个问题是，柄杯鹿是否是一个独立的属，或者仅仅是原古鹿属的同物异名。

从化石记录看，欧亚大陆可能是鹿类的发源地，中新世中期至晚期的不少化石地点都发现有原古鹿型的牙齿，根据大小可分两组，研究者德日进（1939年）把山东山旺中新世中期的原古鹿型牙齿化石分出两组：大型组或称A组，推测其个体大小相当于现代马鹿，右下第 2~4 前臼齿的长度为 48 毫米；小型组或称 B 组，个体大小相当于麂，其右下第 2~4 前臼齿的长度为 34 毫米。德日进估计在同一地点发现的柄杯鹿角，按大小与 B 组的牙齿配套，至于大型组则尚未发现与之配套的鹿角。

（2）柄杯鹿属属于长颈鹿总科，还是鹿总科柄杯鹿属，原来分在鹿亚科。德日进（1939 年）首先提出了异议，他认为旧大陆中新世的柄杯鹿、原麂和其他一些具有非脱换性鹿角的原始鹿类应当另立一个新科，这个绝灭了的科曾联系着长颈鹿科与鹿科。对于柄杯鹿属，德日进承认这个属具有鹿类的一些特征，诸如：有分支的鹿角，牙齿具有鹿类的特征，尤其是上犬齿为獠牙等。但是他强调柄杯鹿上臼齿外壁的前、后两个肋状突起发育不对称，前外壁凸出，后外壁凹入，牙齿外表的釉质层有皱纹，以及鹿角是不脱换的，这三方面的特征是长颈鹿类的特征。但是，从柄杯鹿头骨的特征，如头骨的结构和比例、眼眶前较大的眶下腺窝、牙齿的特征以及肢骨的特征，都不是长颈鹿型的，而是鹿类的，所以柄杯鹿是鹿总科、鹿科的一个属。

（3）柄杯鹿类的形态特征，可以说与现代的、比较原始的毛冠鹿和鹿属最为接近。

因为它们的头骨形状、比例、眼眶的位置、眼眶前眶下腺窝大而深陷、獠牙形的上犬齿、上臼齿外壁发育不对称、颊齿釉质层外表有皱纹等特征都相似，而且它们都有长的角柄和小的角支。

柄杯鹿类是原始鹿类中以角为武器的类型，在中新世时，朝着有角的方向发展中的一个"尝试"阶段。但是，由于具有季节性脱换鹿角的类型的发展和竞争，使之不能成功，而在上新世之前趋于绝灭。

马　鹿

马鹿是仅次于驼鹿的大型鹿类，因为体形似骏马而得名，体长为 160~250

厘米，尾长 12～15 厘米，肩高约 150 厘米，体重一般为 150～250 千克，雌兽比雄兽要小一些。马鹿属于北方森林草原型动物，但由于分布范围较大，栖息环境也极为多样。雌兽比雄兽要小一些。蹄子很大，侧趾长而着地。尾巴较短。头与面部较长，有眶下腺，耳大，呈圆锥形。鼻端裸露，其两侧和唇部为纯褐色。额部和头顶为深褐色，颊部为浅褐色。颈部较长，四肢也长。马鹿的角很大，只有雄兽才有，而且体重越大的个体，角也越大。雌兽仅在相应部位有隆起的嵴突。雄性有角，一般分为6或8个叉，个别可达9~10个叉在基部即生出眉叉，斜向前伸，与主干几乎成直角；主杆较长，向后倾斜，第二叉紧靠眉叉，因为距离较短，称为"对门叉"。并以此区别于梅花鹿和白唇鹿的角。第三叉与第二叉的间距较大，以后主干再分出2～3个叉。各分叉的基部较扁，主干表面有密布的小突起和少数浅槽纹。夏毛短，没有绒毛，通体呈赤褐色；背面较深，腹面较浅，故有"赤鹿"之称；冬毛厚密，有绒毛，毛色灰棕。臀斑较大，呈褐色、黄赭色或白色。马鹿川西亚种，背纹黑色，臀部有大面积的黄白色斑，几乎盖住整个臀部，与马鹿其他亚种不同，故亦称"白臀鹿"。马鹿化石种主要分布于我国东北、华北、华东、西北等地。现生种大多分布甘肃、内蒙古和东北一带。地质年代为第四纪的更新世晚期，化石种与现生种分布的区域相差无几。

马鹿属的鹿角主枝一般为圆柱状，有五个以上的分枝。眉枝从角基部分出，向前伸，与主干几成直角；主干特别长，稍向后倾，略向内弯；第二枝紧接眉枝后从主枝分出，二者间隔很短；第三枝与第二枝间的距离较长。有时主枝末端分成二小枝。角面除各尖端较为光滑外，其余部分皆很粗糙，角节部有一圈小瘤状突起。

马鹿的角很大，角向后弯曲，上部比较扁。第二枝：眉枝紧靠角节部长出，长度与第二枝相当；两者相距很近。第四枝比所有其余的分枝都长，第五枝也长，形成了近于对称的分叉，第四、五、六枝与它们分出的主枝在同一平面上，

这样从前方看彼此将近封闭状。冠部不形成杯形，牙齿方面，一般牙大，齿带和底柱都很发育，上臼齿较呈方形，各尖锥呈椭圆形。

标本为一块顶骨相连的一对角，除第五、六枝末端有少许缺失外，基本完整。眉枝向前平伸，长 150 毫米，眉枝到第二枝的距离为 160 毫米，第二枝到第三枝的距离较长为 550 毫米。第三、四枝呈上下扁平状，有合并趋势，两角尖距为 200 毫米，几乎连成一体，近斧头形。

马鹿的角与本科其他种类的麋鹿、驯鹿、驼鹿的角还是有较大区别的，主要区别是有平行前伸的眉枝，主枝表面虽比较粗糙，但瘤状突小，也没有通体纵沟，而且第三、四枝上内外没有较强的瘤状突。而且第二枝到第三枝的距离特别长，几乎占角长的近 2/3。而驼鹿的角有所不同，它的角多为掌状，两角向左右伸展。未成年的角分叉多，到尖端才长成掌状；成年个体角单个分叉少或无。全部呈掌状，其边缘分割成锯齿状。从以上的角看它们的区别还是比较明显的。另外，它们分布区域也有所不同，一般驯鹿和驼鹿多生活在寒冷的地区，而马鹿大多生活在温带草原环境。

原 古 鹿

古哺乳动物，发现于山东山旺国家地质公园。原古鹿，是早期长颈鹿的祖先，这种鹿的脖子比现生长颈鹿的短得多，相似的一点是额骨上都长有一对不分叉、不脱落的角，有意思的是雄性三角原古鹿的枕骨上还有一个形如"发髻"的角。

原古鹿（属）首先发现于欧洲，并且分布广泛，我国发现的却不多，由于完整的材料极少，长期以来，人们无法肯定古鹿是否有角，山旺发现的古鹿证明，原古鹿仅雄性有角，雌性则无，它的角在生长方式上接近长颈鹿的角，由皮下一骨化中心形成，仅在老年个体此骨化中心才和头骨愈合。角的表面粗糙，表明它可能和长颈鹿一样，有皮毛覆盖。

标本的整个骨架侧向压扁，各部分多保持原先连接状态，脱落开的部分很少。化石本身，除牙齿外，都疏松。化石表面常常覆盖有一层铁质硬壳，致使化石不易从中修出。这种保存状况使许多构造无法观察，在多数情况下，长骨的宽和厚无法确切地测量。古鹿属是一个曾经引起许多争论的属。我们描述的山旺标本，从个体大小、右下第1~2前臼齿的特征及生有"紧骨角"看来还继续留在古鹿属中。

虽然古鹿属和长颈鹿之间的某些相似性早就引起了人们的注意，直到1966年一位美国古生物学家才第一次明确地提出，把古鹿属放在长颈鹿超科，他认为古鹿属具有长颈鹿性状，如具有"皮骨角"、牙齿的构造上等有很多特征与长颈鹿颇为接近，而与其他鹿科不同。

综上所述，古鹿属和长颈鹿至少有三个近裔性状，它和鹿及长颈鹿共有的近裔性是颊齿上特别发育的附尖及肋。古鹿属和牛科没有共近裔性状，但是古鹿属有一个性状是只和鹿科的近裔性相同的，这就是封闭型的炮骨背中沟。考虑到古鹿属和原始的长颈鹿有更多的共近裔性状，根据简约原则，炮骨背面封闭型的中沟只能看做是平行进化的产物。

古鹿属作为长颈鹿科中构造最原始的一员。出现在渐新世的另外两种古鹿中，此时它们的掌骨还没有愈合，为四指型，显然它们比古鹿属更为原始。长颈鹿类从反刍类主干分出时应该是前、后肢侧指（趾）已相当退化，并已形成炮骨，但已产生了"皮骨角"。古鹿属是这一支系中最原始的代表，但是它的炮骨却向着鹿的方向特化，变为封闭型的背中沟。另一支则是真正的长颈鹿类，它的上犬齿完全退化，眶前窝消失，下犬齿为双叶状，第4下前臼齿逐渐进化为特殊的长颈鹿型构造。古鹿属是否应为独立的一个科，它应包括哪些属，这个问题需要在对一系列有关的属进行研究后，才能作出肯定的回答。

上述这种分类意见的一个直接后果就是牛科与长颈鹿类分开了。牛科无疑既保留一些近祖特征，同时也有一系列特化特征，如高冠齿及角的发育等。从已有的化石资料判断，如果牛科的产生是单系发育的话，它和鹿类有共同的特

征，是独立地平行进化获得的，而它的"角"、高冠的牙齿等都和牛科为共近裔性状。

长期以来，我们习惯于把山旺组和桑桑组相对比。如果我们以欧洲古鹿属个体增大的规律对山旺的原古鹿进行推测，那么它的时代就应该比原先想象的要早些，考虑到亚洲的原古鹿属的一些特殊性状（"角"的形态和右下第1前臼齿的存在等），它也可能代表一个不同欧洲的单独支系。如果是这样的话，那么它的时代也有可能更早些或者更晚些。

达维四不像鹿

达维四不像鹿属有角次目、鹿科、四不像鹿属，达维四不像鹿维其学名，也叫麋鹿，是一种体型较大的种类，与现生种马鹿、驼鹿大小相当，常栖息靠水源较近的平原、沼泽，喜温暖潮湿气候，为草食性群居动物。它是我国特有的、有特殊研究价值的珍稀动物，大多生活在江河湖海周边的沼泽地带，第四纪的更新世晚期至全新世在我国东部平原、地质上的喜马拉雅造山运动沉降区，确切地说是在东经110°，北纬43°区域。

直到清朝末年主要是皇家驯养狩猎动物，但这时野生的四不像鹿已经在自然环境中绝灭。1866年法国传教士大卫神父在北京南苑的皇家狩猎场外发现了这种奇怪的动物，后来偷运回了两个标本，经研究对比定了一个新种：麋鹿（大卫鹿）。因它尾似马非马，蹄似牛非牛，角似鹿非鹿，颈似骆驼而非骆驼，故得名"四不像"。随后西方各国通过各种途径运走了大批的四不像鹿，在我国由于栖息地的不断缩小，加之连年水灾，到1920年我国境内就见不到它的踪影了。

1898年，英国贝福德公爵在他的乌邦寺动物苑内饲养了从中国运回的18头四不像鹿，经过几十年野外放养，增加到几百头，使这一种群得以生存下来，据统计目前世界各地有2000头左右。

1984年英国贝福德公爵赠送中国39头四不像鹿。有关部门经过实地考察选址，先后在江苏盐城大丰和北京南郊建立两个麋鹿放养式自然保护区，把四不像鹿放养其中。由于这两个保护区的气候和植被很接近麋鹿生长的自然环境，放养效果很好，种群数量增长很快，中国总数已突破了700头。有关部门又在江苏的苏州近郊建立了第三个放养式麋鹿自然保护区，这对保护麋鹿具有重要的意义。

麋鹿个体大而粗壮，角大而分叉多，角干截面多为圆柱形。主枝与面部有明显的夹角，无眉枝。主枝在角节上不远处分二枝，一前一后，前枝向前弯，又分两叉，每叉再分若干小叉。后枝平直，明显向后伸，与主枝夹角大，简单或双分叉，第三枝上的瘤状突起有时发达。牙齿特征：一般犬齿较小，上臼齿中等高，内面具小的附柱；珐琅质发达；齿近方形。肢骨比较粗壮，属近端掌骨型。

标本化石为一块麋鹿角右侧的主枝和第二枝，两枝末端保存不完整，主枝靠近角基处分出一个较强的第二枝，其横切面为圆柱形，最大截面直径可达70毫米，角柄未保存。整个角的表面粗糙而且有较深的纵沟。总的看石化程度不高，时代应为全新世。该角化石标本有别于体型相当的马鹿和驼鹿的角，主要区别：主枝与面部有明显的夹角，无眉枝；第二枝向后平伸，与主枝呈90°夹角，末端偏铲状；第三枝在主枝分出后，枝干截面近椭圆形，外侧生有至少五个以上的瘤状突，内侧有一个短粗瘤状突；前枝分叉处强烈地向后内弯，近末端分成两个强枝，其横切面均呈三角形，以上是达维四不像鹿区别于本科鹿类的主要特征。

沧海拾珠
——鱼类、两栖类化石

水中记忆——鱼类化石概述

鱼类的特点

从鱼类开始的脊椎动物，称之为有颌动物。这个嘴巴上的颌，就是从咽喉部位的原始鳃弧（鳃条）衍生而来，并由骨骼支持着。动物有了颌以后，捕食、咬嚼时更加方便了，对身体的发育成长也具有积极作用。此外，典型的鱼还有两对偶鳍（胸鳍和腹鳍）以及背鳍、尾鳍和臀鳍，无疑这使鱼的行动更加灵活了。通常鱼的体表还有鳞片包裹着，起到保护身体的作用。由此可见，鱼类要比无颌类动物进步多了。

鱼类可分四大类：盾皮鱼类，是化石鱼类，晚志留世出现，到泥盆纪末期灭绝，极少数可延至早石炭世；棘鱼类，是化石鱼类，志留纪出现，到二叠纪末期灭绝；软骨鱼类，出现于泥盆纪，化石与现生者均存在，约有700种；硬骨鱼类，出现于晚志留世，化石与现生者均有，约有5万种，几乎占脊椎动物的98%。

鱼类的祖先化石

在奥陶纪地层，人们曾发现过一种很奇怪的化石，它们有像鱼一样的身体，但没有上下颌，没有偶鳍，这就是最原始的脊椎动物——无颌类。

无颌类全部生活在海洋中，它们向两个方向发展，一支发展为头甲鱼类和圆口类，另一支发展为有颌类，后者是鱼类真正的祖先，它们在漫长的地质历史中不断演化，形成棘鱼类和盾皮鱼类等，壮大为后来鱼类的大家庭。

在无颌类中，最早出现的分子被称作圆口类，它们既没有上下颌也没有真正的脊椎，惰性十足，靠口吸盘吸附于其他动物身上，靠寄生或半寄生生活。在化石无颌类中，最常见的还有头甲鱼、鳍甲鱼和多鳃鱼等，这些无颌类都有一个共同的特点，身体前端都包着坚硬的骨质甲胄，典型的是头甲鱼、多鳃鱼。它们头部浑圆，坚固的铠甲像一面盾牌，使敢于冒犯的敌人退避三舍。除圆口类延续至今，其他无颌类全部绝灭于泥盆纪。

颌的出现是生物进化史上重要的里程碑。颌的出现加强了动物个体捕食的能力，扩大了食物的范围，也提高了防卫和攻击能力，有利于自由生活方式的发展和种类繁衍。

棘鱼类是已知最早的有颌脊椎动物，它们出现在志留纪，除尾鳍外，棘鱼类所有的鳍的前面，都有一根硬棘，棘鱼的名称就是这样得来的。从棘鱼类开始已经具有比较原始的颌了。

盾皮鱼类则比棘鱼类进步许多，它们有了明显的上下颌，并且具备了偶鳍，使平衡和运动能力大为增加，逐渐摆脱了被动取食的生活方式。盾皮鱼类体外的骨甲已分为许多块，有的种类分为头盾和体盾两部分。节甲鱼是泥盆纪最为

繁盛的一类，它们体型较大，有的长达10米（如恐鱼），头甲和胸甲之间有一个关节，可使头部上下开合，但它张口时，不是下颌活动，而是上颌活动，与高等的脊椎动物不同。在志留纪和泥盆纪地层中，人们发现过许多鱼类化石，我国西南地区所产的滇鱼、武定鱼、云南鱼是盾皮鱼中的一支，属胴甲鱼类，而江油鱼等属于体型较大的另一支——节甲鱼类。

盾皮鱼类继续演化，发展为后来的软骨鱼类。软骨鱼类中，因鲨类居于主要地位，又称鲨型动物。软骨鱼类经过裂口鲨等阶段的演变后，在中生代进入高度发展时期。中生代的软骨鱼类已分化为两种类型，一类以鲨和鳐等为代表，另一类以银鲛类为代表。其中，鲨类能够快速游泳，具有很强的攻击能力，有一种发现于第三纪的白鲨，身躯硕大，在头骨化石的上下颌之间能够站立一个人，可见当时它们在海洋中称王称霸的能力。银鲛类生活在深海中，上颌已同脑颅直接愈合在一起，与鲨类不同。软骨鱼类从泥盆纪晚期出现，一直延续到现代。

在当时的海洋中还出现了另一支鱼类——硬骨鱼类，它们的体表披有鱼鳞，骨骼多是硬骨，具有骨质的鳃盖，体型千差万别。硬骨鱼类经过长期的演化可生存在地球的所有水域中，从山涧溪水、内陆江河到浩瀚的大海，各种深度、不同咸度的水域都被它们所征服。硬骨鱼类发展成为最成功的水生脊椎动物。

专门从事鱼类化石研究的古生物学家把硬骨鱼类的演化归结为几个阶段，原始代表是一种叫古鳕鱼的小型鱼类，它们的骨骼处于软骨阶段，但体外已有原始鳞片。三叠纪末，全骨鱼类兴起，它们的椎体通常骨化，结构更为进步。白垩纪时出现了真骨鱼类，它们的骨骼高度骨化，背鳍与偶鳍有各式各样的形态，鳞片很薄，具备了完善的水生适应构造。鱼类的发展代表了脊椎动物的兴起。

概括而言，盾皮鱼和棘鱼类是出现最早的鱼类，它们起源于原始的无颌类，无颌类进化为有颌类。科学家们已勾画出鱼类演化的完整轮廓，盾皮鱼类演化为软骨鱼类，棘鱼类演化为硬骨鱼类。硬骨鱼类继续发展，使鱼类这个家族高度繁荣，同时硬骨鱼类的一支向另一个方面演变，成为脊椎动物进化史上的主干，导致后来鱼类登陆的壮举。

你所不知道的鱼类化石

盾皮鱼类化石

盾皮鱼类的特点

盾皮鱼类的主要特点是具有硬骨、颈关节，鳃的位置远在头部之下。通常有骨质而坚硬的头盾和胸盾，两者之间以颈关节相连。这两个盾就常成为化石标本，其表面具有各种花纹装饰。

本类鱼的体形大小相差悬殊，大者可达 9 米以上，小者仅几厘米。有的生活在淡水中，也有的生活于海洋中。

盾皮鱼在世的时间不长，主要存在于泥盆纪，少量残留到早石炭世。

按甲胄构造的不同，盾皮鱼又可分为若干目：节颈鱼目、扁平鱼目、胴甲鱼目等。

节颈鱼目化石

节颈鱼属于原始型底栖生活的鱼类。具有沉厚的甲胄，甲胄表面呈瘤粒状物。在它的胸盾上有一对发育良好的鳍刺，与胸鳍相连。最典型的代表便是发现于英格兰北部和苏格兰中泥盆世老红沙岩地层中的尾骨鱼。此鱼全身长22～40厘米。而最大的节颈鱼则是发现于美国俄亥俄州晚泥盆世的"克里夫兰页岩"中的恐鱼，体长达4.5～10米，其中头部长度就有3米。张开血盆大口时，它的直径可达1米，不亚于霸王龙的嘴巴。再配上尾鳍、胸鳍，游动起来威风凛凛，所向披靡。这种特化的鱼类寿命很短，在世时间仅1000万年就灭绝了。

我国发现的节颈鱼类化石有江油鱼、贵州鱼、长阳鱼等。发现江油鱼还有段故事呢！

20世纪50年代早期，古生物学家乐森璕来到四川北部龙门山地区研究泥盆纪地层及其化石。乐先生本是珊瑚化石专家，自然对那里的珊瑚化石倍感兴趣。他带着几位青年助手在江油一带的崇山峻岭间奔波了几天。时值初夏中午，大家颇有疲劳之感，于是找到路边一处大树底下坐下。大家一边休息，一边吃些食品，谈笑风生。乐先生由于多年来的野外工作习惯，虽然人已坐下来休息，脑子却不曾休息，双眼仍仔细地观察着岩石和地形，不禁思考起来。

"小王！请你站起来！"乐森璕看见小王屁股后面的石板上好像有些花纹，想看个究竟。

"乐老师！为什么要我站起来？怎么，不休息啦！"

"不，不，请你转过身来，看看坐着的那块石板。"

这一句话，让同行们莫名其妙。但大伙不约而同地聚集过来，乐森璕自己也弯下身子细看起来。

初看，这块石板没有什么特别，只有一角显露出一块巴掌大的黑色瘤粒子花纹。乐森璕的目光注视着这块花纹，但看不出整体的形状，思考着说不出个所以然来，其他人也只是相视不语。

过了片刻，乐森璕有些恍然大悟，道："你们都不曾见过这块带瘤点子的化石吗？它很可能是古老鱼类的甲胄，但我一时说不出它的名字。"

"鱼化石？"大伙确实没有见过这样的鱼化石，它既见不到头，也见不到尾，更见不到鳞片。原来，这样的古老鱼类化石，当时在中国还没有什么人研究过，对它自然很陌生，所以感到惊奇不解。

"是鱼化石，只是没有暴露出全身甚至半身，我们大家都不是这方面的专家。先将化石搬回去再说。"乐森璕果断地决定。

他们找来当地老乡，费了好大的劲儿，终于把一块大石板抬下了山。后来辗转到北京，交给中国科学院古脊椎动物与古人类研究所的鱼类专家刘宪亭教授。刘教授鉴定后认为这是节颈鱼类的背甲及附近的几块甲胄，他以产地江油命名新的属类，叫江油鱼。这是我国首次研究盾皮鱼类的成果。

长阳鱼的发现，也有一段故事。我国著名的古植物学家斯行健院士于20世纪50年代，在湖北长阳泥盆纪地层里采到一批古植物化石，其中有几块很像"霸王草"的叶片，也很像带锯齿的镰刀，弯曲弧形的外侧边缘很光滑，内侧有锯齿。斯先生虽然见过很多植物化石，但眼前的标本很特别，什么样的植物叶子或茎干都不像。他思考了好久，最后给这块化石取了个新署名字，称为"长阳叶"。

想不到大约过了10年以后，人们发现这个"长阳叶"并不是植物化石。古鱼类学家潘江教授在研究节甲鱼化石时，重新查看了"长阳叶"标本，发现这是节甲鱼类胸鳍前端的胸刺，于是更名为"长阳鱼"，而且得到了斯先生的同意。

由此可见，鉴定化石并非易事，人们习惯于从自己的专业去考虑问题，于是就出现"仁者见仁，智者见智"的现象。作为一名古生物学家需要广博的基础知识，这是十分重要的。

我国最完整的节颈鱼类化石恐怕要数贵州鱼了。其鱼体有大小中不等，最大的宽度在两后侧角之间。后缘甚平直，中央片甚大，中背片长，产于贵州贵阳乌当早泥盆世地层内。

扁平鱼目化石

扁平鱼亦称大瓣鱼，它们的外貌很像现生软骨鱼中的鳐类。但扁平鱼有骨化了的头甲和胸甲。

我国发现的扁平鱼类化石不少，一般身体较小，头甲前缘稍小，大致呈六边形。它们眼眶大，靠近前缘两侧。头甲表面有细密的小瘤点。如产于四川江油雁门坝早泥盆世"平驿铺组"中部的西南瓣甲鱼，同层位的尚有龙门山鱼、四川鱼、三歧鱼等。另在云南曲靖寥廓（角）山早泥盆世的"翠峰山组"下部亦有此类化石，与云南鱼、多鳃鱼共生。

胴甲目化石

这是一类身体较小、种类较多的盾皮鱼类。其主要特征表现为头胸部披以厚重的骨质甲胄，头、胸甲之间有关节构造相连。它们大多数种类的胸肢（胸鳍）构造十分特殊，由众多小骨片连缀而成，并分成上下两部分，能活动。背部隆起，胸部平坦。躯体后部无甲胄，肉体裸露或披鳞片。两眼位于甲头背部的前缘，且靠得很近。眼前有两个鼻孔。口小，横裂，位于头甲前缘的腹面。单一的外鳃孔位于头甲的后侧，背鳍一个或两个。

胴甲类化石仅见于泥盆纪，均发现于淡水相地层内。从其背部隆起、腹部平坦（与头甲鱼类相似）的特点看，系底栖生活。大概摄取小动物或柔软的植物为食。国外的胴甲类化石仅见于晚泥盆世，而我国从早泥盆世到晚泥盆世均有发现。故此类动物有可能起源于我国，特别是云南东部地区。

我国的胴甲鱼化石可多达数十属，泥盆纪各个时期均有其代表属类。兹选若干代表简述如下。

云南鱼，原始胴甲鱼类，体小，其长度不超过15厘米（最大的个体计算）头部较长，约占全身长度的1/3。头甲呈六边形，宽大于长，背部隆起不很显著。后背片与后侧片间尚不大愈合，这就是早期胴甲鱼的特点。产于云南曲靖翠峰山附近的西屯早泥盆世"翠峰山组"下部地层中。与其同层位的尚有始胴甲鱼，属原始型的胴甲目化石。

东方鱼，小型的胴甲鱼类，背中片呈卵形，长13毫米，宽9.2毫米，背部中隆显著，接近沟鳞鱼特点。产于广西横县六景早泥盆世"莲花山组"地层中。尚有莲花山鱼，也与此相似，也是早泥盆世的鱼种。

沟鳞鱼，是本目最著名，分别最广泛的代表，或称胴甲鱼。身体不大，长度十几厘米至数十厘米不等。身体背隆腹平，头胸部被甲胄包裹，后半部裸露，有两个背鳍、腹鳍及尾鳍，胸鳍则由带甲的能活动的胸肢所代替。

它生活于热带或亚热带的河湖中，过着水底游移的生活。由于它的特定生态条件，沟鳞鱼可以作为指示古气候的化石。如将某一时期沟鳞鱼化石出现的地点在地图上标出，就能勾画出当时的赤道位置，进而可以看出大陆漂移变动的情况。由此可见，沟鳞鱼化石在恢复古地理方面的价值。

我国发现沟鳞鱼化石的时间很早，20世纪30年代就由著名古生物学家计荣森教授在湖南长沙晚泥盆世地层中找到一块相当完整的中背片，定名为中华沟鳞鱼。但此后相当长的时间里未见继续报道，一直到20世纪70年代以后，在湖南、广东、云南各地才陆续有所发现，产于中泥盆世至晚泥盆世地层中。

中华鱼，即发现于南京附近的龙潭晚泥盆世"五通组"地层中的沟鳞鱼类化石。所有甲片几乎都完整地保存下来，是难得的珍品。

属于盾皮鱼类的尚有硬鲛目、叶鳞鱼目、褶齿鱼目、古椎鱼目等，只是在我国尚未发现它们的化石。

棘鱼化石

棘鱼类是已知最早的有颌脊椎动物，它们出现于志留纪早期，繁盛于志留纪晚期和泥盆纪，石炭和二叠纪时便逐渐衰落和绝灭了。它们的一些独特特征使它们形成一个独特的自然类群。现在的认识是把它们作为一个独立的纲。

之所以称之为棘鱼，是因为它们的背鳍、胸鳍、腹鳍和臀鳍的前端有硬棘。它们的形体似鲨，歪形尾；胸、腹鳍发育完全，但鳍条不发育，在胸鳍和腹鳍之间有"额外"的偶鳍，或叫附加鳍；体被细小菱形鳞片，其结构似软骨硬鳞鱼；眼大，侧生，前位并有围眶骨；背鳍一个或两个；有原始的颌，一个扩大的上颌骨与发育完善的下颌咬合，上颌无牙，下颌有牙；内骨骼已开始骨化。上述的一些特征中除颌的构造原始外，其他的特征均相似于比它们进步的硬骨鱼类，它们是从无颌类向有颌类进化的最早尝试者。

本纲鱼类是脊椎动物中最先出现的有颌动物，全属化石类型。大约在早志留世时开始出现，繁荣于晚志留世至泥盆纪。石炭－二叠纪时衰落，二叠纪末期趋于灭绝。

棘鱼是大眼睛的小型鱼类，头部被细小的鳞片覆盖，体躯也披着细小的鳞片。背鳍常有前后两个，胸鳍和腹鳍之间还有数量不等（1～5个）的附加鳍，各鳍的前端有一坚硬的鳍刺，其后则是皮膜状的鳍。这些坚硬时鳍刺表面为齿质，故常能保存为化石。由于不同种类的棘鱼，在其鳍刺上出现的花纹不同，这就成了鉴定化石的重要依据。

完整的棘鱼化石非常难得，最有名的就是发现于苏格兰早泥盆世地层中的栅棘鱼。它长约 7 厘米，生活于淡水河流、湖泊中。

中国的棘鱼化石均为其鳍刺，最普通的是中华棘鱼的鳍刺，产于中志留世至早泥盆世的地层中，与王冠三叶虫等海相动物伴生，可能是在近海岸地带生活的。在紫红色沙页岩层中见到的，则属于淡水中生活者，主要分布于长江中、下游地区。有学者在新疆巴楚早泥盆世地层中，也找到不少类似中华棘鱼的鳍刺。

但有研究者指出，所谓中华棘鱼不一定是棘鱼的胸鳍刺，而是节颈鱼类的胸鳍刺。对此，只有等将来采得完整的棘鱼化石以后，才能下定论。

中国最早发现的棘鱼化石是亚洲棘鱼，化石标本为一段胸鳍刺残部。标本较大，侧扁，略弯曲，刺的基部较宽，中空，壁厚，外表有光滑的纵脊，前缘圆形，基部有 10 行突瘤。后缘有粗的脊。此化石是 20 世纪 40 年代发现于云南弥勒西龙镇早泥盆世地层中的。

软骨鱼化石

现代海洋中常见的鲨、鳐，就是软骨鱼纲动物的代表。因为它的内骨骼是软骨质的，很不容易保存为化石。但其牙齿坚硬，且齿质层（珐琅质层）颇厚，所以往往能成为化石，并以其牙齿化石代表属种的名称。

早在旧石器时代晚期，法国南部古人类洞穴遗址中就发现了中新世时期的鲨鱼牙齿、鳞齿鱼及其他鱼类化石。这可能是世界上最早收藏的脊椎动物化石，这些化石或许是古人用作装饰的。

最早的鲨类化石，发现于美国伊利湖南岸晚泥盆世由细泥形成的"克利夫兰页岩"地层中，标本十分完整，体长42～110厘米，体形与现代鲨鱼基本相似，称为裂口鲨。生活于海洋中。

另外，在德国早二叠世地层中，还发现生活于淡水中的早期鲨类化石，称为异刺鲨。可见鲨类的生活环境，在地质时期里有海水与淡水之分，而今只生活在海洋中，它们的生存地域已大为缩小。

中国发现的鲨类化石不多。其中淡水鲨类弓鲛，早在20世纪40年代即已发现，化石多为其背部的背鳍刺残段。出产于云南昆明的晚三叠世、四川广元和甘肃永登的晚侏罗世地层中。前几年，还在西藏聂拉木土隆地区的晚三叠世地层中见到过。

最奇特的鲨类化石是旋齿鲨的牙齿，发现于中国。这是一类很特殊的，早已灭绝了的软骨鱼类，仅见于二叠纪和三叠纪时期。它之所以特殊，是因为牙齿呈旋转状。人们曾对它的用途、在口腔中的位置等作出种种猜测，有些复原图甚至将旋齿放在鼻梁的位置上。直到后来人们发现较完整的化石后才得知，这种旋齿生在上下颌两块颌骨的连接处，向下向内蜷曲形成环圈状，故仍起着咬嚼作用。

中国的旋齿鲨化石称作中国旋齿鲨，系残破部分，外形如鸡冠。齿的边缘具锯齿。20世纪70年代发现于浙江长兴煤山晚二叠世的海相"长兴灰岩"内，与腕足类伴生，可见它是生活在海洋中的。后来，在西藏珠穆朗玛峰地区的早三叠世海相地层内亦有发现，称为喜马拉雅旋齿鲨。

另外，人们也曾在沿海第三纪海相地层内见到过少量的鲨类牙齿，遗憾的是没有好好研究。

软骨鱼纲中尚有一类全头鱼类，数量较少，自石炭纪以后直到现在都是罕见鱼种。中生代时期比较多。

中国也发现过此类化石，即瓣齿鱼类。化石也是它的牙齿部分。牙齿前后扁而横宽，低冠，齿冠呈花瓣状，故有此名。牙齿表面有一层很薄的珐琅质层，牙根相当长。产于四川巴县晚二叠世地层中。据报道，陕西汉中梁山的二叠纪地层中也曾见到过。

硬骨鱼化石

硬骨鱼化石的特点

硬骨鱼是高度发展的鱼类，广泛分布于海洋、河流、湖泊、沼泽各处。其类型之复杂，种类之繁多，可荣登脊椎动物之榜首。

硬骨鱼的主要特点在于其内骨骼高度钙化（或称骨化），即由硬骨骼组成，鳞片也骨化了。其次，头骨的小骨片数量增多了，而且各骨片均有专用的名称。再次，它们的鳃裂（孔）不像鲨鱼那样暴露在外，而是由鳃盖骨掩盖起来。此外，呼吸系统大部分是鳔，少数则是肺。

根据其主要结构特点以及形态的差异，又分为若干亚纲，如辐鳍鱼亚纲、肉鳍鱼亚纲等。

软骨硬鳞鱼化石

这是辐鳍鱼类中比较低等的鱼类，也是硬骨鱼纲中的原始类型。化石较多，而现生者很少。

它的化石未见到骨骼，大概是软骨质的缘故，而全身披盖着闪光的菱形鳞片，也就是它的骨质硬鳞，珐琅质层颇厚。多见于泥盆纪至二叠纪时期。我国现存的本类鱼有中华鲟、长江鲟等。

我国的这类鱼化石尚多，其中以古鳕鱼最为普遍，这是二叠纪时分布很广的海生软骨硬鳞鱼类。眼眶大，前位，硬鳞大，菱形，沉厚，尾鳍的上叶鳞颇发育，口裂大，超过颊部。胸、腹、臀鳍的基部变窄，彼此间距离也较远。背鳍后位，臀鳍较大。如产于新疆乌鲁木齐、吐鲁番等地晚二叠世地层中的吐鲁番鳕可作为其代表。

其次是扁体鱼，这是古生代晚期古鳕类的另一分支，海生，体形向扁而高发展。口小，背鳍和臀鳍延长，至尾的基部。尾鳍深凹，呈"Y"形。菱状的硬鳞变薄。

中国发现的完整扁体鱼化石，当推中华扁体鱼，产于浙江长兴煤山晚二叠世的"长兴灰岩"内。另外在南京附近龙谭早二叠世的"孤峰组"地层中，发现过零散的扁体鱼鱼鳞化石。这类化石还见于河北峰峰二叠纪"石千峰群"地层内。

中国中生代地层内亦可见到淡水中生活的软骨硬鳞鱼，如发现于甘肃玉门早白垩世地层内的孙氏鱼，它属于中生代晚期的古鳕类。辽宁北票晚侏罗世地层内的北票鲟也归于本类。

全骨鱼类

全骨鱼类（Holostei）在进化阶段上介于软骨硬鳞类和真骨鱼类之间的辐鳍鱼类，在分类学上作为辐鳍鱼亚纲的一个次纲，从晚二叠世开始出现，侏罗纪最繁盛，从白垩纪开始大为衰退，生存至今的仅有雀鳝（Lepisosteidae）和弓鳍鱼（Amia）。前者生活在北美、中美及古巴淡水中；后者生活在北美各大湖及河流中。全骨鱼类的主要特征是无后吻骨，有前眶骨，鼻骨不组成眼眶；上颌骨后部游离，既不与外翼骨联结，也不与前鳃盖骨联结；下颌骨有冠状突；有间鳃盖骨；所有鳍的鳍条仅在远端部分分节；尾鳍为半歪型或正型。主要包括以下几个目。

1. 半椎鱼目

体纺锤形或高纺锤形；口裂短小；眶下骨数目多；牙齿通常为磨状齿，有时为锥形齿；头部骨片和鳞片颇厚；躯干背缘在背鳍后急剧减低；所有鳍均具有很发达的棘鳞；鳞片通常为菱形。常见于三叠纪的有半椎鱼（Semionotus），主要产于北美、南非及澳大利亚晚三叠世，南美早三叠世有可疑的纪录。中国新疆乌鲁木齐附近中三叠世产有中华半椎鱼（Sinosemionotus）。繁盛于侏罗纪的鳞齿鱼（Lepodotus）是半椎鱼类的另一典型代表，有很多种，从晚三叠世开始出现，以侏罗纪最繁盛，到白垩纪晚期绝灭，其地理分布很广，几乎遍布全球。在中国西南地区特别是四川盆地的侏罗纪地层中所产鳞齿鱼尤多。贵州兴义中三叠世海相地层中产有与鳞齿鱼相近的亚洲鳞齿鱼（Asiatolepidotus）。

2. 硬齿鱼目

体形很高而扁，侧视几成圆形；背、臀鳍的基线很长，尾鳍外形对称；无棘鳞；口小；吻短；无下鳃盖骨和间鳃盖骨；齿骨和锄骨生有磨状齿。典型代表硬齿鱼（Pycnodus）分布于欧洲早白垩世至始新世、西印度晚侏罗世、澳洲早白垩世、北美白垩纪、非洲和亚洲始新世。在我国西藏昌都地区侏罗纪地层中产有西藏硬齿鱼（Tibetodus）。

3. 弓鳍鱼目

体纺锤形；颊部通常宽大；前鳃盖骨近平垂直，但一般下部向前延伸；通常有一块辅上颌骨；下颌骨具有高的冠状突；口缘齿通常为圆锥形；尾鳍为半歪型或正型；鳞片为方鳞或圆鳞。

4. 副半椎鱼亚目

此类鱼在某些方面还残存软骨硬鳞类的性质，但在许多方面具有全骨鱼类的结构。有些学者把它作为一独立的目，有些学者认为它与弓鳍鱼类有亲缘关系，列入弓鳍鱼目中作为一个亚目。此类鱼在三叠纪进化很快，颊部变异大。前鳃盖骨的大小和形状在不同的属中变化很大。典型代表副半椎鱼（Parasemionotus）产于马达加斯加和格陵兰早三叠世海相地层。

弓鳍鱼亚目

主要包括以下两个科：金尾鱼科（Caturidae），通常被认为是弓鳍鱼类的主干和弓鳍鱼科的祖先。体纺锤形或延长；顶骨小；前鳃盖近乎垂直；颊部具有几块很发达的次眶骨；上颌骨略隆起；下颌骨很长；背鳍基短；胸鳍比腹鳍发达得多；所有鳍均具有棘鳞；鳞片菱形。主要代表为金尾鱼（Caturus），分布在欧洲晚三叠世至早白垩世，西非晚侏罗世地层。中国贵州兴义中三叠世海相地层中产有与此类鱼相近的中华真颚鱼（Sinoeunathus）。

弓鳍鱼科，眼通常小；颊部很宽大，具有很发达的后眶骨；顶骨大；上颌骨较高；口裂大，上颌骨和下颌骨具有强大的锥形齿；咽板骨大；鳍条粗壮，间距大；无棘鳞；背鳍基通常很长；尾鳍后缘凸圆形；鳞片菱形或圆鳞。现生代表为弓鳍鱼（Amia Calva）生活在北美湖河中。此属化石见于北美晚白垩世、始新世，欧洲古新世、中新世；也见于中国内蒙古、新疆及吉林等地的始新世地层。在中国中生代后期常见的有中华弓鳍鱼，有些学者认为它代表一独立科——中华弓鳍鱼科（Sinamiidae），另一些学者将其列入弓鳍鱼科。其形态特征与弓鳍鱼属相似，但尾鳍为半歪型，背鳍基较短些，顶骨愈合为一块，眼眶后的两块眶后骨较小，鳞片为菱形。与中华弓鳍鱼相近的另一个属是伊克昭弓鳍鱼（Ikechaoamia），分布于内蒙古鄂尔多斯市早白垩世地层，也见于浙江缙云晚侏罗世地层。

6. 针吻鱼目

身体长，吻部延长而尖；顶骨互相愈合；鳃条骨数目多；副蝶骨具有牙齿，偶鳍无棘鳞；尾鳍为正型；体背部鳞片菱形，体侧鳞片相当高。其生存历史从晚侏罗世到晚白垩世。典型的代表为针吻鱼（Aspidorhynchiolae）分布于欧洲中、晚侏罗世，南非和澳洲白垩纪地层。

7. 叉鳞鱼目

此类鱼是全骨鱼类中最进步的类群，在结构特征上很接近真骨鱼类（Teleostei），有些学者甚至把它列入真骨鱼次纲。其生存历史从中三叠世到白垩纪。主要特征是身体较小，纺锤形；鳞片为圆鳞或菱形，被有很薄的硬鳞质层；尾鳍为半歪型；椎体无或为环状、双凹型；无扩大尾下骨；肋骨已骨化；前颌骨小而游离；具有两块或一块辅上颌骨。

真骨鱼类

真骨鱼是我们最熟悉的鱼类，日常餐桌上食用的鱼，鱼缸里观赏的鱼，无论是海洋或淡水中经常遇到的鱼，大多属真骨鱼。

它们最初出现于中三叠世，到白垩纪时逐渐取代了全骨鱼，并且日益发展，成为新生代最主要的鱼类。至今人们所见到的各种鱼类，至少有95%是真骨鱼。

真骨鱼的最主要特点是头骨全部骨（钙）化，变得十分坚硬。鳞片也钙化，称为骨鳞——包括普通的圆鳞及少数的栉鳞。极少数鱼的鳞片退化，皮肤裸露。尾鳍的上、下叶对称相等，称为正型尾。

真骨鱼的种类很多，化石亦相当丰富，最常见的有以下几个目，简述如下。

薄鳞鱼目，这是原始的真骨鱼类。外形颇似小的沙丁鱼，头部带有珐琅质的皮肤骨（与全骨鱼相似，此为演化过程中的残留特征），圆鳞，厚度已趋薄，表面有闪光层的残迹。最初出现于中三叠世，到白垩纪末期灭绝。

最著名的薄鳞鱼化石就是与始祖鸟伴生的那些标本，也称为美鳞鱼，体长约20厘米，具有从全骨鱼向真骨鱼进化的过渡型特征，如有连续的脊索保存，其周围被骨化的环状椎体所包围。薄的圆鳞尚有闪光层。发现于德国巴伐利亚索伦霍芬石灰岩中，时代属晚侏罗世。当时当地是一处海湾，可见其属咸水鱼类。但在中三叠世地层内曾发现零散的薄的圆鳞片，可能是它们先祖的残体部分。

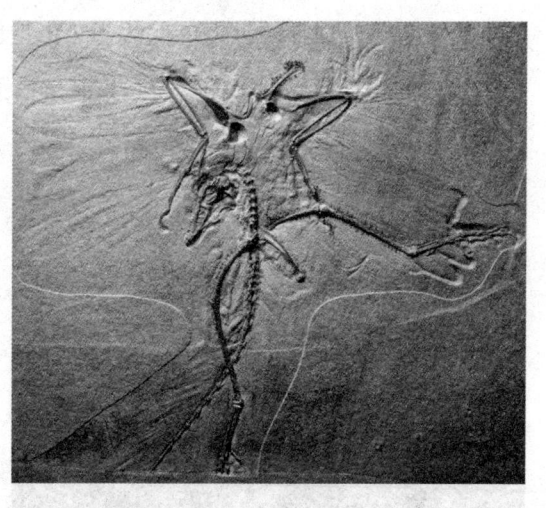

我国的薄鳞鱼目化石也不少，但它们却是淡水中的鱼类，如产于浙江天台、

诸暨等地早白垩世火山岩系中所见的秉氏鱼,此化石鱼的名称为纪念我国生物学的创始人秉志教授而建。另在浙江寿昌、衢县的晚侏罗世火山岩系中所产的富春江鱼以及内蒙古晚侏罗世地层内所产的阿纳萨里鱼,亦是本目化石鱼。

鲱形目,此目鱼类较之薄鳞鱼有所进化。例如其脊椎骨已完全骨化,但脊索尚有残留。现生的鲱形目鱼类多为海产,淡水者很少;但化石种类恰恰相反,以生活在淡水中的居多。

中国的鲱形目化石始于晚侏罗世,其中最有名的代表当推中鲚鱼。此鱼分布于浙江临海、建德、浦江等地晚侏罗世的火山岩系内的沉积凝灰岩中。它们原生于湖泊中,火山喷发时被火山灰掩埋而成为化石,与其相似或伴生的尚有它的兄弟辈副鲚鱼。

中国新生代亦有不少鲱鱼目化石,如产于湖北始新世地层中的奈氏鱼;产于渤海湾地区始新世地层中的双棱鲱。学者在江苏六合古新世地层中,还找到过一类小型的鲱形目化石,取名为六合鲱,它可能生活于半咸水地区(如海湾)。

舌骨鱼目,现存的舌骨鱼生活于热带地区的淡水中。化石种类生活在海洋与淡水中的均有。始见于侏罗纪,繁荣于白垩纪。

本目鱼类化石中最著名的当推狼鳍鱼。对此,中国古籍或地方志中早已提及(前已述及)。产地分布相当广阔,特别是辽宁西部中生代火山岩分布区内最多,其他如内蒙古(与辽西接壤处)、甘肃东部各地也有分布。时代为晚侏罗世至早白垩世。狼鳍鱼身体不大,呈棱形,头较大,眼眶也大。牙齿排列清楚,大小颇为一致。它们往往集群埋藏在岩层内,一旦发现,采得较大面积且鱼群集中的标本后,可供欣赏。

与狼鳍鱼相似的，尚有副狼鳍鱼、永康鱼、浙东鱼。它们产于浙江天台、永康、缙云、诸暨等地的早白垩世火山岩系中，往往相伴埋藏，构成鱼群，故一旦发现其踪迹，就可找到密集的一大批化石。

原辐鳍目，这是白垩纪出现的进步鱼类。由于它们的骨骼基本结构尚属原始性，故有原辐鳍之名。现存的鲑鱼与鳟鱼可视为它们的后裔。我国此类化石见于白垩纪，而且主要分布于东北地区，其代表有吉林鱼、松花鱼、满洲鱼等。

鲈形目，现生的鲈鱼、鳜鱼均属此目，常为餐桌上的佳肴。多生活于河口或淡水湖中。中国此类化石多见于古新世和始新世地层中，分布于湖南、湖北、安徽、江苏各地。其中比较著名的有洞庭鳜，其生活环境与现生者相似。

中国新生代地层中尚有骨鳔目鲤科化石多种，其中最多的是鲃鱼，以产于山东临朐山旺中新世地层中的最丰富，有临朐鲃、司氏鲃等。另在周口店第十四地点，亦产丰富的鲃鱼化石群，当地恰在古河道的转弯处，一旦发生漩涡，大量鱼群埋葬于此，在1平方米的岩层上，可见数十条完整的化石相互挤压在一起，包括云南鲃（现在尚生活于云南）、短头鲃、四川鲃（现在尚生活在四川）、刺鲃等多种，时代属上新世。目前的鲃鱼生活于长江流域，可见上新世早期的北京气候与现在的长江流域相似，甚至是亚热带气候区。

肉鳍鱼类

肉鳍鱼类是硬骨鱼纲的一个重要类群（亚纲），包括总鳍鱼类和肺鱼类。由于具有被覆鳞片的肉质叶状偶鳍等性状而有别于硬骨鱼类的主要类群——辐鳍鱼类（亚纲）。由于曾认为肉鳍鱼类具内鼻孔，又称之为内鼻鱼类或叶鳍鱼类。化石记录出现于泥盆纪早期（距今约3.9亿年）。

早期肉鳍鱼类一般具有两个背鳍，体被菱形鳞片，尾鳍歪型，偶鳍、背鳍及臀鳍具有发育的肉质鳍基和其中的内骨骼支持。许多种类的鳞片及膜骨表面有光亮的整列层，这种整列层由齿质层、釉质层及其中的孔—管系统组成，孔—管系统以小口开口于釉质层表面，可能与侧线感觉功能有关。颅顶骨片表

面的整列层有时连成一片，覆盖住骨片间的缝隙。

总鳍鱼和肺鱼的显著区别在于脑颅形式及牙齿结构，总鳍鱼类脑颅被颅中关节分为前后两部，口缘具有牙齿，肺鱼脑颅无颅中关节，腭方骨与脑颅愈合，颌部与脑颅的关系为自接型；腭部及下颌舌侧有齿板，口缘侧无牙齿，可能与辗压具硬壳食物的适应有关。

肉鳍鱼类中不同类群的相互关系尚有争议，不同类群的分类级别（如纲、超目、目等）亦视不同学者的处理方法而异。目前多认为肉鳍鱼类中的总鳍鱼和肺鱼是硬骨鱼纲中的两个独立亚纲。不同学者将四足动物起源问题或与总鳍鱼类或与肺鱼联系起来，因此，对于肉鳍鱼类中化石与现生代表的研究是古生物学和进化生物学中颇引人关注的研究领域之一。

本类鱼主要见于泥盆纪，此后很少见，延续至今者更少，因而成了著名的活化石。

肉鳍鱼类基本上分为肺鱼目和总鳍目两大类。

肺鱼目，现生的肺鱼仅分布在南美洲、非洲和澳大利亚昆士兰的淡水水域中。它们能在酷热干旱的季节钻进污泥内靠肺呼吸而生存，鳃就暂时不起作用了；遇水时，则游泳自如，颇有"两栖"的特点。

如果将上述三地所产的肺鱼外形鱼化石肺鱼进行比较，则澳大利亚肺鱼更接近于化石类型，它的体型比较粗壮，鳞片亦较大，被视为古代肺鱼的后裔。

化石肺鱼最早出现于早泥盆世，并在二叠纪时繁荣起来，到三叠纪时，种类与数量大减，今天残留下来的就当做活化石了。

最著名的化石肺鱼当推双翼鱼，其主要特征在于偶鳍基部的内骨骼具羽状排列，它的牙齿呈齿板状，产于苏格兰的中泥盆世地层中。中国的肺鱼化石最早发现于20世纪50年代，在南京龙潭晚泥盆世的"五通组"上部地层中，化石仅见若干鳞片，与前述的中华鱼伴生在一起。

中生代的肺鱼化石往往仅见其齿板化石，称为角齿鱼化石，如在四川广元晚侏罗世地层中找到过的肺鱼齿板。后来，又在四川威远晚三叠世地层内发现同样的化石，均命名为四川角齿鱼。另在陕北的中生代地层内，亦见到过角齿鱼化石。

总鳍鱼目，现存的总鳍鱼类只有属于空棘鱼的拉蒂迈鱼（矛尾鱼），仅产于东非科摩罗群岛的深水中。1938年发现后，曾轰动一时。这时，人们才知道原来以为早已灭绝了的拉蒂迈鱼，并未完全退出生命的大舞台，有少数残存下来，成了活化石。迄今已先后捕获200条左右的拉蒂迈鱼，非常珍贵。

化石总鳍鱼目分为两大类，除空棘鱼外，就是更古老的，产于中泥盆世的骨鳞鱼了。此外，被人们认为与两栖动物进化有关的真掌鳍鱼（或称新翼鱼）也属于骨鳞鱼类。

中国的总鳍鱼类化石最先于20世纪50年代，是北京地质博物馆潘江教授在南京龙潭晚泥盆世"五通组"上部地层中，与肺鱼鳞片同时发现的，标本也是几片鳞片，与中华鱼共存在一起。

20世纪80年代初，张弥曼教授等在云南曲靖早泥盆世地层中，发现了肉鳍鱼类的杨氏鱼和奇异鱼，在国际上引起了一场四足动物起源问题的争论，即两栖类是从肺鱼演化而来，还是从总鳍鱼演化而来？众学者各执一词，相持不下。

1984年开始，青年古生物学家朱敏等在云南曲靖翠峰山寥廓（角）山一带搜寻早期鱼类化石。1997年，他终于在曲靖距今4.1亿年前的晚志留世地层中发现了斑鳞鱼。这是一种原始的肉鳍鱼类，其脑颅分成前后两关节，外骨骼上孔管系统发达，牙齿咀嚼面上的褶皱复杂。由于它的头颅和肩带（胸鳍）的特点与硬骨鱼极相似，朱敏认为它是硬骨鱼类的祖先。这些都是我国古生物学家研究的新成就，在国际上有广泛的影响。

总鳍鱼类中的空棘鱼，中国亦有化石出产，比较完整的，有发现于浙江长兴煤山晚二叠世"长兴组"石灰岩内者，取名长兴空棘鱼，与中华扁体鱼、旋齿鲨等共生。另一个空棘鱼化石则见于广西凤山早三叠世地层中，仅保存其尾部骨骼，名叫凤山空棘鱼。

长胸鳍花鳅

长胸鳍花鳅属于鳅科、花鳅属,是一种小型底栖淡水鱼类,此科种类十分丰富,所描述的标本是一条比较完整的鱼化石。

此标本体小,细长且侧扁,背腹缘平直,头黏,口亚下位,吻部略向前伸出。额骨窄长,前锄骨与筛骨愈合成复合骨——筛锄骨。眼位于头骨中部。侧筛骨向后侧方延伸形成眼下刺。眼下刺不分叉。口缘排除上颌骨,由前上颌骨单独组成,齿骨有背突,隅骨和齿骨大小几乎相等,且彼此关节很松。脊椎42个。体长为体高的7.6倍,尾柄长的7.6倍,头长的4.7倍,尾柄高的12倍。头长为眼径的4倍。尾柄长为尾柄高的1.6倍。背鳍起点至吻端大于至尾鳍基距,尾鳍至胸鳍距大于至臀鳍距,臀鳍至腹鳍距大于至尾鳍距。

上述标本,鱼体细长,背鳍起点位于腹鳍之前,尾鳍近于截形。其吻部向前突伸,前锄骨与筛骨愈合形成复合骨——筛锄骨,侧筛骨与眶蝶骨相连。具眼下刺;眼眶大,位于头部中央;眶上骨、眶下骨的结构松散。此外口缘由前上颌骨组成,前上颌骨有吻突;齿骨具背突,并与隅骨的关节联系松散。这些特征说明,该标本无疑属花鳅亚科。

从鱼体的鳍条目和鱼体各部分比例看,山旺标本与条纹供花鳅中华花鳅很接近,而且山旺标本的眼下刺较长,使它更接近条纹花鳅。由于山旺标本的胸鳍窄面长,后两个种的胸鳍则都呈扇形且短小,最长胸鳍条的长度都小于胸鳍至鳍距的1/3,根据该标本胸鳍窄长这一特征,将它定为一新种——长胸鳍花鳅。

通过对以上现生鳅科鱼类的地理分布及地质变迁等资料的分析,认为可能在第三纪中期喜马拉雅山脉隆起之后,花鳅科分为两支,其中一支往北扩散至亚洲东部、欧洲和北非,演化为现在的花鳅属。从化石资料看,目前东南亚和中国南方还尚未发现花鳅属化石,但花鳅属在中新世已形成,并在中新世已广泛分布于欧洲和亚洲。

中华狼鳍鱼

中华狼鳍鱼是狼鳍鱼鱼类化石的一种。这个名字是由英国人伍德沃德在1901年建立的。这种鱼的正型标本，是一位叫哈里贝克尔的英国人在山东莱阳附近采集的，现藏于大英博物馆。高井冬二曾以这种鱼为属型种建立了亚洲鱼。1963年刘宪亭等人认为亚洲鱼属不成立，将这种鱼又重新划入狼鳍鱼属，命名为中华狼鳍鱼。1976年，中国科学院古脊椎动物与古人类研究所鱼类学家张弥曼和周家健再次确立了亚洲鱼属，并推测亚洲鱼可能为骨舌鱼亚目的代表。1995年，金帆等又将这种鱼归入狼鳍鱼属。在辽西，中华狼鳍鱼主要发现于北票市的炒米甸子、黄半吉沟、四合屯和阜新市大五家子、三吉窝铺。

狼鳍鱼这个科的特征是体呈纺锤形或长纺锤形。头部膜质骨具有薄闪光质层。顶骨大，具颞孔。最大耳石位于听壶内，呈五角形或六角形。口裂中等大小，上颌骨长大，前上颌骨很小，辅上颌骨一块，齿骨较大，在口缘及副蝶骨腹面均生有锥形齿。有喉板骨。椎体骨化完全，仍保留有较大的脊索穿孔，最前端脊椎未特化。背鳍前方的神经弧未愈合，其上方有一列上神经棘，具有上髓弓小骨。背鳍位置靠后一般与臀鳍相对。无棘鳞。尾为正型，尾椎末端向上歪。圆鳞，核居中央。

这种鱼的特征是体纺锤形，身体最高部位于胸腹鳍之间，体高全长的1/4～1/5。头大，吻端圆钝，头长与头高几乎相等，或略大于头高，与体高几乎相等。眼大。口缘巨大的锥形齿。脊椎在43～45个，最末端三个尾椎上扬。背鳍起点之前1～2个脊椎，尾鳍分叉浅。

另外，这种鱼眼大，头部感觉沟分布与古鳕类的相似。椎体呈筒状，中部略收缩。内侧有一粗大不分叉的鳍条。叉形尾骨骼属于原始真骨鱼尾骨骼类型。

就生活时代问题，通过研究对比，它应属中生代的晚侏罗纪初期（莱阳组中部)。同层产有大量的古昆虫化石和多种植物碎屑。它早于这一地区发现的恐龙化石层位，比该地区发现的恐龙早六七千万年，它生活的时代应为距今1.6亿~1.7亿年前，这种鱼基本上代表着一个比较原始的真骨鱼类，当然狼鳍鱼一直生活到白垩纪，在这之后就不见了踪迹。

山东弥河鱼

该鱼化石标本产自山东临朐山旺，属鲤科、担尼亚科、弥河鱼属的一种小型鱼，为绝灭种类，地质年代为距今1700万年前的中新世中期。山东弥河鱼鱼体小，头大，头高等于体高，背腹缘呈弧形，脊椎30个。背鳍起点至吻端距显大于至尾鳍基。臀鳍至尾鳍距大于至腹鳍距，腹鳍至臀鳍距大于至胸鳍距。体长为体高1.8倍，为头长2.4倍，为头高1.8倍，为尾柄长4.6倍，尾柄高大于尾柄长，尾鳍分叉。

标本描述：全长约28.5毫米，体高头大，鱼体最高处呈弧形，头大，头高大于头长，颅顶短宽，额骨矩形，顶骨与额骨等宽，顶骨长为额骨的1/2，枕区未保存，枕骨感觉沟在顶骨后缘通过，翼耳骨大，与顶骨、额骨相邻，筛区破碎。侧筛骨大略呈三角形。副蝶骨直，贯穿眼眶中部，眼眶后有一块长条状骨片可能为眶下骨，翼骨部分保存不好，方骨扇形，续窄条状。口裂中等大小，上下颌十分倾斜，前上颌骨具吻突。齿骨短，冠状突高，位于齿骨中央。鳃盖系统长，鳃盖骨大，矩形，间鳃盖小，前鳃盖骨上下支等长，其外缘以90°相交，匙骨保存不好，后匙骨粗壮。鳃条骨粗短，3对。

脊椎26个，古迹头后还有4个，体椎17个，尾椎13个。椎体高大于宽，肋骨长达腹缘，有上肋小骨和上髓弓小骨。背鳍略呈三角形，臀鳍也是如此。腹鳍不完整。尾柄高，尾鳍分叉，末端未见鳞片。咽齿呈侧扁锥形，具弯钩状齿尖，咀嚼面窄长光滑。标本上能见到二行齿，每一行有4个齿，推测为主行齿和第2行齿，主行齿中最大的一个仅保留齿根痕迹。第2行齿略小。齿尖都指向鱼体左侧，根据这二行齿的形状、大小相关不大，推测应有第3行更小的咽齿存在。

山东弥河鱼，下颌关节靠近眼眶前缘，下颌骨几乎垂直，眼大，咽齿3行，背鳍短，位置靠后，背鳍起点距吻端显著大于距尾鳍基，以及鳍条数目，脊椎数目等方面都和现生属担尼鱼相近。但前者的臀鳍条数较少，鱼体更短高，其咽齿也和所有已知属不同，故代表一新属。

大头颌须鮈

大头颌须鮈属鲤科、鮈亚科、颌须鮈属的一种小型鱼，生存年代为距今1700万年前的中新世中期。鱼体小，略细长，背缘平直，口端位，颅顶无孔，额骨窄长，顶骨方形，较额骨略窄，上筛骨前端不向前延伸，翼耳骨形状不规则，上枕骨不插入两顶骨间，眼眶中等大小，有上眶骨，口裂小，上颌骨后背突明显，前上颌具吻突，腭骨长，鳃盖系统同一般鲤类。背鳍起点位于腹鳍略前或相对。脊椎约34个，尾鳍分叉，尾鳍上、下叶末端略圆。下咽齿2行，咽齿呈侧扁锥形，咀嚼面宽，光滑，呈一弧形凹面，齿尖弯钩状。

标本为一条完整的鱼，全长47～62毫米，鱼体窄长，纺锤形，侧扁，头长大于头高。体长37.3毫米，体高9毫米，体长为体高4.1倍，为头长3.1倍，为头高3.4倍，为尾柄长约5倍，为尾柄高7.6倍。头长为眼径3倍，为尾柄长1.6倍。尾柄长为尾柄高1.5倍。背鳍起点距吻端大于距尾鳍基。

头部额骨窄长，顶骨方形，较额骨略窄，两额骨间以"S"形缝相交，颅顶无孔，眶上感觉沟不向内分支，枕骨感觉沟直，并紧靠顶骨后缘通过。

鲤盖骨上窄下宽，前缘长，前下角为锐角，前鳃盖骨上支与下支几乎相等，上下支交角略大于直角，感觉沟在靠近前鳃盖骨后缘处通过。下鳃盖骨镰刀形，间鳃盖骨与前鳃盖骨下肢等长。

关于鮈亚科的系统关系，根据以上所描述的特征，大头颌须鮈的咽齿与雅罗鱼的咽齿十分相似，将鮈亚科与雅罗鱼亚科组成雅罗鱼族归入雅罗鱼系是较为合理的。

齐 鲤

齐鲤属鲤科、齐鲤属的一个新种，地质时代为距今1700万年前的中新世中期。主要特征是鱼体长纺锤形，侧扁，背腹缘呈弧形或腹缘平直；口端位，吻略尖，背鳍起点位于腹鳍起点后，尾柄细长，尾鳍长深分叉；下咽齿3行，咽齿次臼齿形和侧扁形。

化石标本为一条完整的鱼。背鳍前缘和尾鳍后部缺损。背鳍距吻端显著大于距尾鳍基，腹鳍距胸鳍小于距臀鳍，腹鳍距臀鳍基等于距尾鳍基。尾柄长大于尾柄高。体长为体高2.8~3倍，为头长2.4~2.8倍，为头高3~3.5倍，体长为尾柄长5.8~6.3倍，体高为尾柄高2.4~2.7倍，为尾柄长2~2.2倍，侧线鳞约27个，在鱼体中央通过。尾鳍深分叉，咽齿有次臼齿形齿和侧扁形齿。

山旺齐鲤头部额骨较短宽，顶骨方形，翼耳骨窄，筛区保存不好，侧筛骨位于上眶骨之前，枕骨未保存。眼眶中等大小，上眶骨半圆形，眶下骨见到四块，其中泪骨较大呈三角形，第二眶下骨不完整，估计较窄长。第三眶下骨肾形，第四眶下骨倒梯形，眶下骨感觉沟明显。方骨宽扇形，续骨短。后翼骨、外翼骨和内翼骨均有部分露出。口端位，口裂小，上颌十分倾斜，前上颌骨的吻突和支较粗，能见到隅骨和关节骨。鳃盖骨上有明显的放射纹。下鳃盖骨呈镰刀形。背鳍起点位于腹鳍略后，胸鳍条长达腹鳍，15根鳍条。腹鳍条约8根，侧线鳞约27个从鱼体中央通过，圆鳞具同心纹。

咽齿有近圆柱形、次圆锥形、次臼齿形和侧扁形。侧扁形齿的齿冠短宽，较臼齿形齿更加侧扁，近于扁片形，其咀嚼面倾斜，表面有纵纹，具微弱齿尖。

齐鲤的骨骼特征鳍条数目、咽齿形状都和鲁鲤基本相同。齐鲤与鲁鲤的区别是体形更细长，且齐鲤具有次臼齿形咽齿外，还有侧扁形齿，其属名代表山东古称。根据上述特征可以看出山旺齐鲤无疑代表鲤亚科一原始类型。

谭 氏 鱼

谭氏鱼的生存年代为白垩纪早期，是原始的真骨鱼的一个新属、新种。从其形态特征看，它应归入舌齿鱼超科，并与舌齿鱼科的成员相近。

这种鱼的特征是体呈纺锤形。额、顶骨宽大；上枕骨不插入两顶骨间；鼻骨小，左右两骨不相接，有颞窗，无眶上骨；4块眶下骨，其中眶后两块骨片很大。副蝶骨腹面有齿。口裂较大，颌关节位于眼眶后缘下方。前上颌骨小，有一升突；齿骨冠状突不发育；上下颌口缘有尖锥形齿。无辅上颌骨。鳃盖骨大；下鳃盖骨小；前鳃盖骨上支窄长，下支相对宽短，可见7对鳃条骨。椎体呈筒状，高略大于长；椎体横突不发育，肋骨与其关节。有上神经棘和上髓弓小骨。胸鳍位低，较宽大；腹鳍腹位；背鳍靠后，起点略后于臀鳍起点；臀鳍较背鳍长大；尾鳍叉裂浅，分叉鳍条16根。第一尾前椎上有一完整的神经棘；尾上骨1块；3～4根尾神经骨；尾下骨6块。圆鳞，有密集的同心生长纹。

该化石标本为一条较为完整的鱼。鱼体较大，全长120～200毫米。体呈纺锤形，背缘平直。最大体高处略后于腹鳍起点。体长为头长的3.5～4.0倍，为体高的3.0～3.8倍。

谭氏鱼的副蝶骨腹面有齿，围眶骨6块；第一尾前椎上有一完整的神经棘，尾鳍分叉鳍条16根，这些与骨舌鱼超目的特征完全一致，因此，谭氏鱼无疑应归入骨舌鱼超目。

舌齿鱼超科分为狼鳍鱼科和舌齿鱼科，前者目前包括狼鳍鱼和同心鱼两属，后者则由延边鱼、似狼鳍鱼、始舌齿鱼和舌齿鱼四属组成。谭氏鱼在许多形态特征上与狼鳍鱼和同心鱼相似，如前上颌骨尚有一短小升突，椎体横突不发育，脊椎数目较少等。然而这些特征在狼鳍鱼——舌齿鱼系列中多属原始性状，不能作为该超科内成员的归属依据。同时，谭氏鱼在一些进步性状上，如不具有眶上骨和辅上颌骨，围眶骨6块，其中颊区两块眶下骨大，胸鳍内侧无粗大的分叉鳍条，臀鳍条数目较多等，则与狼鳍鱼、始舌齿鱼及舌齿鱼等更为接近，据此可将谭氏鱼归入舌齿鱼科。

谭氏鱼在背、臀鳍相对位置及臀鳍条数目上可与延边鱼、似狼鳍鱼及始舌齿鱼相区别，它与舌齿鱼在椎体横突发育情况、脊椎及臀鳍条数目等方面显然不同。

谭氏鱼与浙江中部地区的副狼鳍鱼在体形、身体各部比例、眼眶后两块眶下骨的大小和形态、椎体结构、各鳍的相互位置等特征上很接近。其中两块类似于骨舌鱼的眶下骨尤为引人注目。但是，这些相似性均属骨舌鱼超目的原始结构型，眼眶后有两块大眶下骨也并不为骨舌鱼亚目所特有，似狼鳍鱼、舌齿鱼等都具有这类特征，因此，并不能由此将谭氏鱼归入骨舌鱼亚目。但是，谭氏鱼与副狼鳍鱼的酷似，表明两者有较近的系统关系，有待进一步研讨。

山东蒙阴盆地的中生代地层可明显地划分为三个岩石单位，自上而下分别为西洼组、分水岭组和汶南组。谭氏鱼采自分水岭组中上部，比产中华弓鳍鱼、盘足龙和中国龟的层位略高。目前对西洼组和分水岭组的时代及与邻区青山组和莱阳组的对比等问题，尚存在分歧。就谭氏鱼而言，它不具眶上骨和辅上颌骨，围眶骨6块，且眼眶后两块眶下骨扩大，鳍基长，在狼鳍鱼——舌齿鱼类群中，显然比狼鳍鱼进步，而接近于延边鱼和似狼鳍鱼。最近，吉林通化三棵榆树镇的张氏副狼鳍鱼，它除是否有颞窗观察不清外，其他特征与谭氏鱼极为相似。其时代很有可能属于早白垩纪。此外，谭氏鱼与产于鲁东莱阳组的中华狼鳍鱼相比较，两者在眶下骨的形态、各鳍的相对位置及鳍条数目、尾骨骼的组成及尾鳍条数目等方面，都存在一定的差异。因而，就所含鱼化石而言，分水岭组和莱阳组难以直接对比。

鳅科鱼类生活环境在水流缓慢的区域，以食小型无脊椎动物为主。当时山旺河流、湖泊水流缓慢，气候温暖潮湿，又有丰富的无脊椎动物，非常适合鳅科鱼类生存。

两栖动物化石概述

两栖类是最初出现的陆上四足动物,目前公认的两栖类祖先是发现于格陵兰晚泥盆世地层中的鱼石螈。它在许多方面保留着鱼的模样,但毕竟这种动物能用肺呼吸,用四足在陆上行走,也就是说,已具备两栖类的基本功能了。而且从它的骨骼解剖观察,与总鳍鱼类中的真掌鳍鱼十分相似,于是也就公认两栖类是从肉鳍鱼类演化而来的,只是它的祖先应是总鳍鱼或是肺鱼迄今仍无定论。

目前世界上仅格陵兰发现过鱼石螈化石。澳大利亚的晚泥盆世地层中虽曾发现过类似鱼石螈的足迹,却不能肯定是否为最早的某种具体的两栖类动物。

我国尚无此类化石的报道。

两栖纲划分为三个亚纲:

迷齿亚纲——又称坚头亚纲,产于泥盆纪至侏罗纪,其头骨构造相当坚固,脊椎骨也颇为复杂,是两栖类的祖先类型。

壳椎亚纲——石炭纪至三叠纪(或二叠纪),具有线轴状椎骨的两栖类。

无甲亚纲——三叠纪至现代,身体表面光滑,皮肤裸露的两栖类。

迷齿两栖类动物自晚泥盆世问世以后,成为石炭二叠纪时期两栖动物的主体，许多化石往往发现于煤系地层中，可见它们当时多生活在森林中的沼泽地带，所以地质历史上把石炭二叠纪称为两栖动物时代。

中国的迷齿类化石于1983年6月首次发现于新疆乌鲁木齐六道湾。当时，在驻军的营房区域开挖地基时看到骨骼化石，中国科学院古脊椎动物与古人类研究所赴新疆考察的专业人员闻讯赶来，进一步进行发掘，获得多具标本，带回北京交由张法奎教授研究。经过详细观察比较，认为是一具新属标本，定名为乌鲁木齐鲵。大者体长40厘米，小者仅10厘米。与其伴生的化石尚有叶肢介、古鳕鱼、芦木化石等，于是确定为晚二叠世。化石所在的地层属油页岩组，可见当时动物正处在古湖泊的边缘上。目前，在哈密、吐鲁番盆地勘探到该地层中出产石油与天然气，正是古湖泊的位置。这具乌鲁木齐鲵还可作为找油找气的标志性化石。

另外，在吐鲁番也找到保存十几颗牙齿的一块上颌骨化石。经杨钟健院士研究，定名为吐鲁番耳曲鲵，其时代与生活环境也同乌鲁木齐鲵一样。

以往都认为迷齿两栖类在三叠纪末期就灭绝了。1977年，在澳大利亚昆士兰早侏罗世地层中发现迷齿类化石，说明它们的灭绝时间往后推迟了。

后来，在新疆克拉玛依地区、四川自贡市中侏罗世地层中，均相继发现尚未灭绝的迷齿类化石。其中产于自贡的标本，头部保存得相当完整，经董枝明教授研究，定名为中国短头鲵。其身体大小中不等，头骨上可见侧线沟的残留痕迹，表示其原始性状，这是目前已知在地球上生存的最后迷齿两栖动物。

关于壳椎两栖类化石，我国尚未发现。

无甲两栖类，现生的所有两栖动物均包括在此亚纲中，它可能起源于石炭纪时期，与壳椎类有共同的祖先，但在石炭二叠纪地层中尚未发现其代表化石。

在马达加斯加岛上的早三叠世地层中发现的三叠蛙，或称原蛙，认为是无甲两栖动物的祖先。它的外形与现代蛙类十分相似，但尚残留一小段尾椎骨。至早侏罗世时出现的蛙类，未见尾椎骨，与现生者已无太大的区别了。

中国的蛙类化石，最早在1936年由杨钟健研究，其标本材料采自山东临朐山旺中新世地层中，定名为玄武蛙。其基本特征与现生的蛙类没有什么太大的区别。在化石的周围，还可见到许多蝌蚪化石，可见原地埋藏于湖沼内。

与玄武蛙类似的尚有蟾蜍，北京周口店的洞穴堆积物中曾发现过，只是标本太破碎，仅见一些股骨，无法鉴定其名称。

山旺中新世地层中还发现若干蝾螈化石，定名为中新蝾螈，其特征基本上与现生者东方蝾螈十分接近，只是其个体稍小。

你所不知道的两栖类化石

强壮大锄足蟾

此种蟾蜍生活在距今 1700 万年前的中新世中期，它属于无尾目、锄足蟾科、大锄足蟾属的一种现已绝灭的蟾蜍。在变凹亚目中，它属体形较大的种类，行动比较迟缓，后肢短而粗壮，水中产卵，两栖习性，主要以水中和陆地的昆虫为食。标本为两块，保存较为完整。正反两面各有骨骼化石和印模保存，可互为补充。

此标本是一种体形较大的锄足蟾类，顶面具膜质外壳。上颌发育栉状细齿，犁骨齿显著退化，腭骨发达。蝶筛骨完全骨化，侧翼与腭骨愈合。荐前椎 8 个，均前凹型，无椎间垫。荐横突极展宽，成扇状。肩带弧胸型，腰带较长，坐骨板状后伸。后肢短而粗壮，足长于胫，母前趾特化成挖掘器官。

锄足蟾科在分类上属无尾目的变凹型亚目，其现生代表主要分布于欧洲、

165

东南亚和北美。其中隐耳锄足蟾（Pelobates）是典型的欧洲类型，掘足蟾被称之为北美锄足蟾类，而角蟾则为亚洲所特有。与这些类型相比较，山旺标本没有椎间垫；尾杆骨与荐椎成单髁关节而不愈合，跗节骨相对较长，从而与上述类型区别。根据体形大小、荐椎突扩展宽度、股骨与胫腓骨的长度比例及后足母前趾的特化程度，该标本归入大锄足蟾一属是比较贴切的。

大锄足蟾类化石最初发现在蒙古查干诺尔盆地的渐新纪地层中，此后，有关锄足蟾类的化石欧美虽屡有报道，但并无可归此属者发现。这表明该属为亚洲型代表，山旺标本的发现进一步证实了这一点。在形态特征上，山旺的标本与蒙古的奥氏大锄足蟾亦不尽相同。该标本腰长所占身体比例较大，跗节骨长于胫腓骨长度之半，后足前趾由两节骨组成，其时代分布亦晚于后一类型。因此，山旺标本应代表中国中新世大锄足蟾属一新种。

锄足蟾类是陆生习性较强的无尾两栖类，体形肥壮，后肢短粗，不善跳跃和游泳。现生类型的地理分布相当广泛，随种类和生活环境的不同其习性也颇有差异。欧美类型多适应于干旷草原或半沙漠地带生活，掘土能力很强，常隐身于土穴之中。这些类型具有所谓暴发性繁殖特点，产卵期极短，幼体生长极快。据记载，两天即可完成卵的孵化过程，从蝌蚪到成蛙的变态只需15~20天时间。亚洲锄足蟾类多生活在亚热带海拔千米以上的高山溪流环境中，隐身于石隙或草皮下，掘土能力明显不及欧美类型，它们的产卵期较长，一般都在三个月以上。幼体生长缓慢，常见蝌蚪越冬现象。现生锄足蟾类的这些习性是长期进化发展的结果，与它们的祖先类型相比已有相当程度的变化。根据多方面的资料，中新世的山旺当为森林边缘的湖沼环境，气候远较现在湿热。这与亚洲及欧美现生锄足蟾类的生活环境有明显差别。从骨骼形态来看，山旺标本代表一个陆栖习性较强、具有一定掘土能力的类型，但未必就像欧美类型那样高度适应干旱环境，也不一定像亚洲角蟾类那样适应高山溪流环境，或可能是一个湿热气候条件下生活在山旺湖盆边缘地带或入湖河流岸边的类型。

过去有人认为锄足蟾类起源于亚洲，蒙古渐新世的大锄足蟾是一个与该科祖先直接相关的类型。现在看来，这一观点是很值得商榷的。对化石材料的全面分析表明，锄足蟾类的化石记录至少可追溯到始新世晚期。始锄足蟾的化石在始新世早期至中新世早期的地层均有发现，其分布范围涉及中欧、北美的许多地区。过去由于化石材料不多，对于该属的确立与否一直存在争议。1972年一位捷克古生物学家研究了捷克的完整材料之后指出：始锄足蟾不仅是一个应确立的属，而且还是锄足科一个早期进化支系的代表。可能就是从这一支系上分化出了隐耳锄足蟾和角蟾等类群。的确，与大锄足蟾属相比较，始锄足蟾具有更明显的原始特征，如颞弓发育较完全，犁骨齿尚未明显退化，跗节骨相互游离，母前趾尚未特化成锄状挖掘器官等。无论是从形态特征还是从时代分布上看，始锄足蟾更近于理想的锄足蟾类基型，至少它可以代表一个较大锄足蟾更为原始的进化阶段。

如此看来，在第三纪初或更早的时期，始锄足蟾分布广泛。其主要支系在欧洲演化发展，直至第三纪末才由隐锄足蟾取代；亚洲的一支在渐新世分化出大锄足蟾类群，继而进化出亚洲角蟾类；北美掘足蟾类则可能是在渐新世晚期由始锄足蟾类的另一支系分化出来的。

玄 武 蛙

玄武蛙属无尾目、蛙科中的一种蛙，生活在距今1700万年前的新生代中新世。标本非常完整，不但骨骼很好地保存了下来，而且，皮肤轮廓也清晰可见，从形态上看它与常见的青蛙几乎没什么两样。

这种蛙上颌均有齿，一般均有锄骨齿，荐椎横突柱状，肩胸骨及胸骨发达，成为骨质柱，没有退化了的锁骨或前乌喙骨。该科属种很多，分布于全球，以非洲为最多，北美仅有蛙属。

化石记录最早出现于中生代的侏罗纪。我国有中新世玄武蛙、上新世榆社蛙，在周口店猿人地点也有现生种化石。

玄武蛙的外形特征是头骨呈三角形，头长比头后端的宽度长。脊椎9个，第二脊椎有很强大的上副突，胫腓骨比股骨稍长一些。

还发现与此蛙在一起的很多蝌蚪化石。

琳琅满目——化石大观园

化石：生命演化的传奇

化石：生命演化的传奇

众说纷纭——化石杂谈

化石标本的收集

很多青少年梦想拥有一块属于自己的化石，亲手采集的化石无疑是最宝贵的。

青少年如何收集化石标本？收集化石标本有哪些注意事项？首先，我们要知道化石标本的基本知识。通常情况下，标本分为岩石标本与化石标本两类。其中化石标本，在野外采集较为复杂。而且由于化石所属门类各不相同，采集的要求也不尽相同。以下是几种常见的化石标本采集方法。

微体化石

例如蜓、介形虫、轮藻、层孔虫、苔藓虫之类的微体化石，保存较为完整。在这种情况下，挖掘出来的大多是集群性的。因此，采集时要求选择密集程度高、大量集中的块体标本，因为这样的话，可以在处理过程中找到更加理想的整体化石。

珊瑚类标本

此类化石标本个体较大，主要以集群性方式保存在石灰岩层之中，除若干体型较大的单体珊瑚能在风化剥落的露头上找到之外，其他的复体珊瑚应选择化石密集、能看到不同方向切面、特征保存清楚者，因为这样的话，有利于在磨制薄片时找到更理想的化石标本。

腕足动物标本

腕足动物是贝壳类动物的祖先。此类化石常见于石灰质或沙泥质岩层中，因此挖掘地点最好选择化石密集、岩石风化并开始剥落下来的地方，较为完好的"立体"标本大多是来源于这样的地方。尤其是层面与山坡倾斜方向一致的风化面上，更容易找到理想的上品。

此外，为了对腕足动物壳体的内部构造进行研究，最好采集内膜标本或通过切片后能见到内部构造的标本。凡是不同方向保存的印模标本也都应注意收集，这样的话，有利于研究各种定向部位的特征。然而在作正型标本时，也应该对其作一些必要的辅助观察。

软体动物壳体化石标本

这一类化石标本的采集要求与腕足动物极为相似，这里不再作出太多的解释。

三叶虫及其他甲壳类化石标本

三叶虫化石又称洪福石，非常漂亮，名字也喜气。采集这一类型"立体标本"是相当困难的。如此说来，采获连头带尾的整体标本自然也很不简单，再加上三叶虫化石大多是头、胸、尾部分开的。由于此类化石的主要特征就集中在头部及尾部，因此应该多注意采集头部及尾部标本。不过，如果发现完整的

胸部标本，自然不可放弃。

昆虫化石

昆虫种类众多。对于昆虫化石标本来说，最重要的就是翅膀标本，所以最好采集脉翅清楚的，因为这是昆虫主要的鉴定特征之一。

特殊的牙形刺标本

对于那些只有用放大镜才能看到的此类化石标本，应该将其看成一般微体化石标本处理。这类化石标本中，有很多牙形刺是无法用肉眼观察到的，所以只好试探性地选择关键层位采集几块即可，再对其进行处理，在处理过程中如发现有确实存在的化石，再按照要求进行系统采集。

植物化石

植物是地球生态最重要的一环，正因为有了植物进行光合作用，地球上才能这样万物升腾，生机勃勃。对于植物化石而言，叶片化石就是最重要的部位，特别是一些高等植物，所以采集时最好选择叶缘完整、叶脉清晰的标本。然而值得注意的是，采掘必须顺层面仔细劈裂，切不可垂直或斜交层面硬挖，因为这样做的话，只会使完好的叶片化石四分五裂。我们常见的植物叶片化石多保存在泥岩或页岩中，此岩石受到水分湿润的影响后会变得柔软易碎，因此在采掘时最好选择地势较高、较为干燥、岩性较硬的地方发掘。有时，由于岩性软弱不宜包装运输，不得不把精美的标本放在盒子里，避免损坏。

蕨类植物曾经在地球上盛极一时。石松和芦木属于蕨类植物化石，其茎部及根部的特征都相当重要，因此在收集过程中要倍加小心。

孢子和花粉在植物化石之中也非常重要，但是由于在野外无法用肉眼观察，

只能选择一些富含有机质的层位，挖取岩石标本，将其带回室内进行处理，如有发现孢子和花粉，再对其进行处理。

脊椎动物化石

头骨化石是这类动物化石中最重要的，因此发现出露的脊椎动物时，应特别小心地寻找头骨化石，发掘过程也要特别注意，最好不要对其造成损坏。这类动物的牙齿化石是头骨化石中的最重要部位，发掘之时切要谨慎。

完整的骨架是最理想的脊椎动物化石，由于地质旅行时间有限，发掘工作时间不可太长。然而，在现场观察研究之后，如果认为能够挖掘出完整的骨架，就应该对其作出详细的记录、素描或摄影，以便日后工作的进行，同时向有关方面或当地群众提出保护要求，采取适当的保护措施。如我国第二大恐龙化石——四川马门溪龙，早在抗日战争时期就已经发现，一直到新中国成立后，才开始挖掘。挖掘工作历时 3 年之久。

化石采集之后，应该写好标签，用棉花垫上化石。最后，对其进行包装运输工作。

琥珀如何形成

琥珀是松柏科植物的树脂所形成的化石，最少有 5000 万年的历史。特别是一种茂盛于 2000 万～6000 万年前的新生代第三纪的松树（Pinus Succinifera）的树脂，经过压力和热力变质而形成琥珀。

世界最古老的琥珀，约为 3 亿年前的产物，被发现于英国的诺森伯兰郡及西伯利亚。琥珀是人类最古老的饰物之一，在爱沙尼亚发现纪元前 3700 年由琥珀制成的坠饰、珠子、纽扣等，在埃及并发现纪元前 2600 年由琥珀制成的宝物。

琥珀是中生代白垩纪至新生代第三纪松柏科植物的树脂，经过地质作用后而形成的一种有机化合物的混合物。通俗点说，它的祖先是松树。琥珀的形成一般有三个阶段，第一阶段树脂从柏松树上分泌出来；第二阶段树脂脱落被埋在森林土壤当中，在此阶段内发生了石化作用，在这一作用下化石树脂的成分、结构和特征都发生了强烈变化；第三阶段是石化树脂被冲刷、搬运和沉淀，成岩作用形成了琥珀。

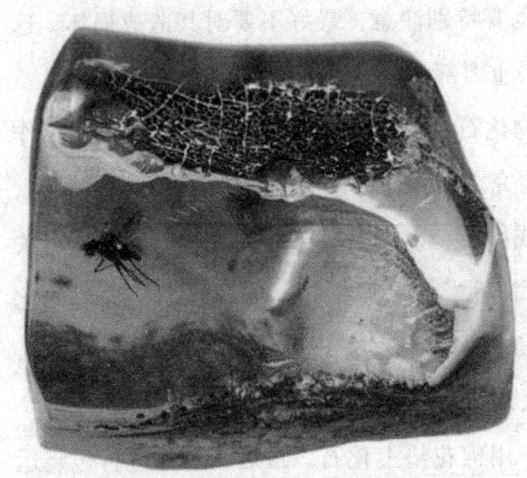

琥珀是由碳、氢、氧组成的有机物，也含有 Al、Mg、Fe、Mn 等微量元素。琥珀有各种不同的外形，如肾状、结核状、瘤状、圆盘状。琥珀很软，其硬度为 2～2.5，也比较轻，相对比重为 1.05～1.09，树脂光泽，透明至半透明。琥珀的颜色也多种多样，常见金黄、黄至褐色、浅红、橙红、黑色等，蓝、浅绿、淡紫色少见。琥珀加热至 150℃变软，开始分解，在 250℃时就会熔融，产生白色蒸汽，并发出一种松香味。最丰富也最有意义的是琥珀内部的包裹体，有植物包体，如伞形松、种子、果实、树叶；也有动物包体，如甲虫、苍蝇、蚊子、蚂蚁、马蜂等。有气液两相包体，如圆形、椭圆形的气泡和液体；有漩涡纹，多分布在昆虫包体的周围，这是昆虫挣扎时留下的痕迹；还有许多的杂质，如泥土、沙砾和碎屑。这些丰富的包裹体不仅构成了美丽的图案，也为科学地研究当时环境提供了最直接的证据。目前，科学家们已成功地从琥珀所含的化石中提取出一些生物的遗传密码 DNA，这对生物演化的研究产生了巨大影响。美国科幻影片《侏罗纪公园》就讲述了科学家在琥珀中包裹着的一只吸了恐龙血的蚊子中提取了 DNA，然后利用遗传工程繁殖出恐龙，最后恐龙成灾……

琥珀因密度低，戴之很轻，加上颜色均匀，晶莹剔透，其饰物为西方和阿

拉伯人所喜爱。如果其内部有完整的动物包体，还有挣扎的迹象，栩栩如生，将会成为珍品备受青睐。人们赋予这种琥珀"外射晶光，内含生气"的赞美。目前世界上最大的琥珀，重15.25千克，取名"缅甸琥珀"，而实际上是约翰·查尔斯·鲍宁于1860年在中国广东用300英镑购买的，现珍藏于英国伦敦历史博物馆。它也被载入《吉尼斯世界之最大全》。无论是在中国还是在欧洲其他国家，琥珀都被视为珍贵的宝石。琥珀按其拉丁文来译，意为"精髓"。也有另一种说法认为是来自阿拉伯文，意为"胶"，在中国古代琥珀被视为"虎魄"。

世界最古老的琥珀，大约出现在1亿年前，在英国及西伯利亚发现。在人类历史之中，琥珀是最古老的饰物之一。例如在爱沙尼亚发现的公元前3700年由琥珀制成的坠饰、珠子、纽扣等；在埃及发现的公元前2600年前由琥珀制成的宝物。

现在的松树上也可以发现一些如胶水一样的树脂，也叫做"松香"。说得简单一些，琥珀也就是中生代白垩纪至新生代第三纪松柏科植物的树脂，经过地质作用后而形成的一种有机化合物的混合物，其祖先是松树。

通常情况下，琥珀形成需要经过以下三个阶段：

第一阶段，树脂从柏松树上分泌出来。

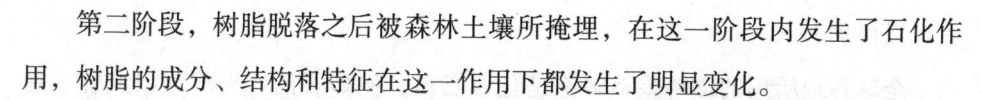

第二阶段，树脂脱落之后被森林土壤所掩埋，在这一阶段内发生了石化作用，树脂的成分、结构和特征在这一作用下都发生了明显变化。

第三阶段，石化树脂被冲刷、搬运和沉淀，再经过成岩作用，便形成了琥珀。

一把双刃剑——化石燃料

煤、石油被称为化石燃料。化石怎么会成为一种燃料呢？事实上，化石燃料也被称为矿石燃料，是一种碳氢化合物或其衍生物。化石燃料所包括的天然资源有煤炭、石油以及天然气等。化石燃料的运用不仅能够取代水车和风车，而且也能促进大规模工业发展，为人类提供热能。

化石燃料多用于发电。在燃烧化石燃料的过程中，能够产生大量的能量，从而带动涡轮机产生动力。过去的发电机往往将蒸汽作为燃料推动涡轮机。而在今天，大多数发电站都已经直接使用燃气涡轮引擎。

20世纪至21世纪，世界逐渐向现代化转变，化石燃料的不可再生性带来能源短缺的危机。其中以石油提炼出来的汽油最为严重，是导致全球石油危机的一个重要原因。如今，世界正趋向发展可再生能源和核能，这可以增加全球能源需求。

长久以来，人类一直在使用燃烧化石，导致温室气体——二氧化碳越来越多，是全球变暖的原因之一。另外，生物燃料中的二氧化碳成分多来源于大气层，因此生物燃料的发展可以大大减少大气层中的二氧化碳含量，温室效应也就可以得到遏制。

全球各地所用的燃料差不多都是化石燃料，例如石油、天然气以及煤。在自然界中化石燃料的形成要经历几百万年甚至更多时间，由于人类的大量开采，几百年内被人类全部用尽。研究表明，现在地下已没有正在形成的煤和石油。

石油也可称为原油，是一种黄色或黑色的可燃性黏性液体，往往与天然气共存，是一种混合物，其构成极为复杂。其性质因不同的产地而不同，密度、黏度和凝固点具有很大的差别，例如凝固点有时高达 30℃，有时低至 -66℃。此外，石油中各成分的沸点也具有很大的差别，从 25～500℃。碳和氢是构成石油的主要元素，前者占 83%～87%；而后者占 11%～14%。不仅如此，原油中还含有少量的硫、氮、氧以及微量金属元素等。从广义上来讲，天然气指埋藏在地层中自然形成的气体的总称。然而我们通常所提到的天然气，是指贮藏在地层较深部的可燃性气体（气态的化石燃料）以及与石油共存的气体（常称油田伴生气体）。天然气的主要成分是甲烷。另外，不同地质条件下的甲烷，也含有数量不同的乙烷、丙烷、丁烷、戊烷、己烷等低碳烷烃以及二氧化碳、氮气、氢气、硫化物等非烃类物质。

任何事情都是利弊同行的，化石燃料虽然给人类带了很多方便，但是，也同样给地球带来了严重的污染。

兔子祖先之谜

蒙古戈壁位于蒙古人民共和国与中国内蒙古自治区锡林郭勒草原的西部，这里地层厚度巨大，沉积类型多样，生物化石种类繁多。早在 1921 年美国纽约自然历史博物馆组织的"中亚古生物考察团"就这里做了大量的工作，收获颇丰。他们首次发现了恐龙蛋化石，证实了恐龙是卵生的爬行动物，为恐龙的研究写下了精彩的一笔。这项工作开展了 10 年，直到 1932 年才结束了这次考察。迄今各国的考察活动还在不断进行，不断给我们带来惊喜。

德国柏林洪堡大学的专家与美国纽约自然历史博物馆的古生物学家在蒙古戈壁发现的一具距今5500万年前的兔子祖先的化石,该种动物以前曾有发现,但如此完整的化石还是首次发现。

化石的研究者,德国柏林洪堡大学的罗伯特·阿斯教授等人在最新一期《科学》杂志中,对这具标本进行了描述。这种动物名为钉齿兽。其属名可以阐明该动物牙齿的特征。钉齿兽的标本保存得相当完整,其骨骼与现生的兔子相似,其后腿长度是前腿的两倍以上。但它有一条长长的尾巴,而它的牙齿与其说像兔子,不如说与松鼠更相似。

阿斯教授称钉齿兽与现代的兔类有极为紧密的关系,它的发现有力地支持了"现代胎盘类动物出现于恐龙灭绝之后"的理论。

木化石如何形成

树木很难在漫长的历史中保存下来。但是在某种条件下,木头也能变成石头。木化石也可以称为硅化木,属隐晶族,硬度为5.5~6.5,比重为2.65~2.66,折射率为1.54~1.55。其形成过程是地质历史时期的树木通过地质变迁,被埋藏在地层中,经历地下水的化学交换、填充作用使这些化学物质结晶沉积在树木的木质部分,将树木的原始结构保存下来,这样就形成了木化石。

在古代,树木被饱含二氧化硅的水所淹没。后来,石英家族的石髓、蛋白石等置换了木头里的细胞,虽然外观并没有发生什么大的变化,其实已经是真正的石头(石英)了。对此,西方神秘学家们认为,本来是一块腐烂的石头,但在石英置换之后,竟会变成不朽的宝石。所以,将木化石认为具有永恒、长寿、永生的能量的特点。

一般情况下,木化石都有较多裂缝或缺口,往往有些地方木头化石已被别的物质,例如玛瑙等填塞或置换,这些自然产物,都是经过漫长岁月而形成的,并没有进行人为填补,所以不应该将其视为瑕疵,而这恰恰是它的奇特之处。

中华瑰宝——中国著名的化石产地

山东临朐"万卷石书"

在山东临朐县城东 23 千米处，有一个名叫山旺的小山村。村东的天然盆地里，埋藏着一座彩色的古生物化石宝库。四周群山环绕，硅藻土页岩层层叠叠，俗称"万卷石书"。据《临朐县志》记载："尧山东麓有巨涧，涧边露出矿物，其质非土非石，层层成片，揭视之，内有花纹，虫者、鱼者、兽者、山水、花卉者不一。"山旺化石种类繁多，已发现的有 10 余类，近 200 种。植物有苔藓、蕨类、裸子植物等 128 种；动物中昆虫、鱼类、两栖、爬虫、鸟兽等各纲都有。较大的动物以鹿为最多，也有犀、猪等。1976 年发现的一个鸟化石，填补了我国第三纪鸟类化石的空白。山旺化石又以完好精美著称。树叶细脉、蝙蝠翼膜、蜻蜓翅脉、蜘蛛足毛等，印痕清晰，历历可辨。如你来到盆地内的硅藻土堆前，顺手拣起一块化石，活像一本石书，足有四五十页。揭开一页，飘出一片秀丽的水藻；再揭开一页，飞出一只金色的蜜蜂……保存了生前的体态，栩栩如生。每一页都是一个活生生的历史画廊，都是一片大自然的缩影，都告诉人们一个古老的传奇故事。树叶迎风飘，鱼儿水中游，高大的犀牛安然地啃着青草，一群花鹿嬉戏追逐，蝴蝶翩舞，蝈蝈歌唱，青蛙在鼓肚，小蝌蚪摇摆着尾巴，祖熊跳上树桠正巧妙地捕捉欲逃的蜘蛛……一个个遥远的故事，瞬间复活了；一个个悠长的梦，霎时醒来了。

这就是以古生物化石蕴藏丰富而闻名中外的"天然化石博物馆"。据专家研究，1800万年前的一天，这里爆发出轰隆轰隆的连声巨响，天崩地陷了：周围大山喷出的岩浆，向盆地中心的湖泊涌去，所有的生灵在吃惊地碰撞，来不及发出一声呼唤，便被统统埋进了大地深层。滚烫的岩浆凝固了它们，沉重的地壳挤扁了它们，在与世隔绝的漫长年代里，它们逐渐变成了化石。对这些古生物化石的研究，为探索我国华东北部中新世生物群、古地理、古气候以及地层对比等，提供了重要依据，对开发我国黄海、东海大陆架矿产资源，也有一定意义。

为此，国家在该县城建造了一座宏伟壮观的博物馆，里面陈列着10多个门类、400余种属的1000多件化石标本。每年数以万计的国内外旅游者和学者专家，慕名前来观赏、考察。一位书法家游观后，这样挥笔留言道："稀世奇珍，中华之光！"

北京硅化木林

在北京北郊延庆盆地的东北缘白河畔下德龙湾，至今保留着一片神奇的木化石群。这里分布着中侏罗世晚期后城组砾岩、沙岩页及中性火山岩地层。硅化木群就点布在这套地层中，东西宽约60米，南北长约2500米。到此仿佛来到原始森林采伐地，树桩高低参差不齐，茎干杂乱躺卧，呈现出好似正在滚落的情景。每根树桩和茎干化石，都酷似干枯的树木。然而，它们都是刀砍不入、锯伐不断的坚硬石质木材。据不完全统计，有30余株。它们表面呈黄褐色或灰白色，最大直径2.5米，最小0.6米，一般在1米左右，纹理清晰，年轮宽窄可辨，多数仅保存木质部，有的连表皮部俱在。经科学家鉴定属裸子植物中已经绝灭的原始松柏类。该木化石群产于原生层次，保存完好，数量较多，分布集中，为我国罕见的硅化木产地。

硅化木是古代地质时期中植物茎干的遗迹，是一种石化了的木材。关于它的形成，自古以来就流传着许多神话与传说。据研究，这些硅化木生长在距今 1.6 亿年前的茂密森林中。当时的北京地区，发育着一系列断陷盆地和巍峨高山，呈东北向相间排列；北亚热带气候，炎热潮湿，土地肥沃，植被茂盛，高大的常绿乔木生长其中。强烈的燕山运动时期，地壳变动频繁，火山间歇喷发，山崩地裂，岩浆冲天，森林被毁灭殆尽，埋藏于地下。由于大量火山的覆盖，使林木与空气隔绝，在火山物质提供充分的硅元素的条件下，经过一系列漫长而复杂的石化作用，最后形成了现在所见到的这片珍贵的硅化木林。

硅化木以奇特的形态和结构吸引着人们，自古以来就被视为"珍物"和当做园林观赏的"珍品"。北京硅化木林不仅是研究北京地区中生代地质演化历史和古气候、古地理的重要资料，也是内容奇特的珍贵旅游资源，可成为理想的游览场所和科普园地，为首都增添一朵绚丽灿烂的科学之花。

新疆奇台硅化木林

在新疆的卡拉麦里山有一片神奇的硅化木森林。1 米多粗、10 多米长的树木东倒西歪，有的像被人锯成一节节的剁肉墩子；有的半截露出地面，另半截仍埋在土里；坡上满地都像是被人砍过后所剩半米到一米的树墩子。树心、树干、树皮纹理清楚，树皮呈现黑褐色，树心却呈白色，远看犹如刚刚砍下不久的活树一般。这就是珍贵的硅化木林现场。据称这是 1.5 亿年前侏罗纪时代的裸子植物化石，原来都被埋在深深的土层里，由于雨水冲刷，风沙侵蚀，逐渐裸露地表。整个化石森林面积有 3 平方千米，共 1000 多棵化石树。面积之大、树木之多，可谓全国之冠。虽然在新疆各地曾发现多处树木化石，可大都已风化成土，唯独这片保存比较完整，值得国内外有关学科专家进行考察和欣赏，是观赏自然景观的好地方。因为它蕴藏着科学奥妙，专家学者凭着它可以探索古地质、古地理、古气候、古生物和古地壳变化，故富有特别吸引人的魅力。

淮南寿县怀远晚元古代化石群

古生物学界长期以来把最早的生命大爆发时代定在元古代晚期，距今6.8亿~6.2亿年的澳大利亚南部阿得雷德山脉以北埃迪卡拉地区的埃迪卡拉生物群作为标准。

但自20世纪70年代以来，安徽地质古生物工作者先后在淮南寿县和怀远一带，距今8.4亿年和7.4亿年的元古代晚期地层中，发现类似于现代海生须腕动物和环节动物以及分类位置不明的多细胞实体化石。这批标本数量之丰富，保存之完好——蠕虫的吻部、疣足和刚毛都清晰可辨，为国内外所罕见。其中至少包括环节动物门的5个属（似沙蜗、原沙蜗、淮南虫、小卢迪曼虫、古吻虫），须腕动物门的2个属（古线虫、皱节虫）以及薄饼状的可疑动物化石。它们的形体细小，1~2厘米长宽，但分化程度低于埃迪卡拉动物群，更显出其原始性，实为地球上最早的一次生命大爆发留下的遗迹！

湘西早期古生代化石群

主要的化石产地见于慈利、大庸以及与贵州接壤的山地间，寒武纪与奥陶纪的三叶虫、头足类化石十分丰富，我国最大的三叶虫（奥陶纪类型，长达30厘米）化石即产于此。从生物地层分区的特点看，此处正处于江南区与扬子区的接界地带，对研究当时的古地理环境十分重要。在对比不同生物地理区的地层时代时也是关键的地点。

浙西江山、常山早期古生代化石群

这里是江南区的寒武纪、奥陶纪、志留纪的生物地层剖面的典型地点。三叶虫、头足类、腕足类化石特别丰富，是研究我国生物地层学的重要地点。

江西修水流域古生代化石群

江西修水流域，主要是武宁与修水两地，自元古代晚期（震旦纪）至三叠纪地层发育完整，其中在某些层段中化石特别丰富，是从事化石研究和采集的好地方。如奥陶纪的笔石、三叶虫、头足类，志留纪的三叶虫、腕足类、无颌类，泥盆纪的植物化石，晚期古生代的蜓类、腕足类、珊瑚、介形类、植物化石等都相当密集，只需花很短的时间便可获得大量标本。

滇东中志留世至早泥盆世化石群

早在20世纪30年代，丁文江、王日伦就到云南曲靖寥廓（角）山、翠峰山地区作过地质调查。抗日战争期间，孙云铸继续在那里工作。自20世纪60年代以后，我国地质古生物学工作者曾多次多批前往那里，发现了大批多门类化石，其中最有名的是无颌类与胴甲鱼类化石，不仅体形完整，种类较多，而且数量也相当丰富，从而打开了我国早期脊椎动物研究的新局面，引起国际古生物学界的关注。更重要的是，这些化石为研究鱼类如何演化为两栖类，如何从低等鱼类进化到高等鱼类等问题，提供了颇有意义的标本。

在植物化石中，有些对研究早期陆上植物的发生与发展很有价值。

此外，从中志留世到早泥盆世的多门类化石，包括牙形刺、腕足类、珊瑚、三叶虫、苔藓动物、介形类、双壳类等，都能在此找到。滇东不失为化石胜地。

贵州独山、都匀地区早石炭世化石群

早在 20 世纪 20 年代，我国近代地质学创始人之一丁文江从英国学成归国时，就选择这里的早石炭世地层及其化石群作为研究对象，创立了"夜郎统"之名，并根据珊瑚、腕足类等重要化石将此间的早石炭世地层（即夜郎统）进一步划分出四个生物地层组合，各组合内化石极为丰富，并选出各层中的代表属种作为"标准化石"，奠定了我国早石炭世地层古生物的典型剖面。

山西石炭二叠纪煤系中的植物化石群

山西是我国乃至世界上著名的煤炭产地，煤系地层遍及全省各地。其中所含的石炭二叠纪植物化石特别丰富，不仅属种数量多，而且标本十分精美，成为我国这一时期植物化石的典型产地，许多代表性的标本，皆出于此。

陕北延长地区中生代植物化石群

陕北是中国革命圣地。然而，地层古生物工作者对这里非常感兴趣，因为此间的三叠侏罗纪古植物化石太丰富了。陕北延长地区成为陕北、陇东、内蒙古地区中生代典型剖面的所在地，成为研究中生代植物化石很重要的地区。著名的古植物学家斯行健将其研究成果写成专著传世。与植物化石伴生的尚有叶肢介、双壳类和腹足类，还有脊椎动物化石。

内蒙古早第三纪哺乳动物化石群

内蒙古的二连、集宁一带，早第三纪时期是在准平原基础上发展起来的一片沉降盆地，湖泊相沉积及其所含的早第三纪哺乳动物化石久已闻名于世。早在 20 世纪 20 年代，国外的古生物学家曾多次前往采集，获得丰富的标本。20 世纪 50 年代以后，我国的古脊椎动物学家也多次前往，许多著名的化石，如雷兽、古犀、古象等典型的早第三纪哺乳动物化石均产于此，最集中的产地在四子王旗地区。

黄土高原上的新第三纪哺乳动物化石群

我国的上新世哺乳动物化石非常丰富，称为"三趾马动物群"，其中所含的各类化石有象类、犀类、马类、鹿类等不计其数。其具体的化石产地分布在黄河两岸，尤以山西保德与陇东一带最为集中。长期以来，这里成了"龙骨"交易的集散地，成为收集新第三纪哺乳类化石的好去处。

河北阳原泥河湾第四纪脊椎动物化石群

这里是桑干河上游的谷地，第四纪初期为一大湖泊，湖岸的森林和草地上生活着众多兽类，湖内游鱼很多。这些动物埋藏于泥岩中后，成为化石仓库，马类、象类、鹿类、犀类、肉食类等化石相继被发现。以马为标志的"泥河湾动物群"建立起来了，这里成为第四纪早期的标准剖面及化石群的产地，而且还有可能有人类活动的遗迹。

其实，我国上述著名化石产地，只是众多化石产地的代表。何况今后还会不断有新的发现。例如近年在贵州瓮安元古代末期（距今 5.7 亿年）的地层中

发现多细胞动物的卵细胞化石,显示其分裂过程,为世界化石中的奇迹。

四川自贡恐龙化石宝库

自贡市地处四川盆地南部,为四川省直辖市,具有2000年盐业历史和70余年建市史,以"盐都""灯城"闻名中外。自贡市是全国历史文化名城、对外开放城市,四川省的重要工业城市及省级风景名胜区。

自贡地区中生代陆相地层发育,分布广泛,层序清楚,蕴藏着丰富的脊椎动物化石,尤其是恐龙化石。不仅点多面广,门类丰富,而且保存完好,埋藏集中。自贡已成为我国重要的恐龙化石产地,被人们誉为"恐龙之乡"。

自贡恐龙化石遍布全市四区两县。截至1990年底,已发现92个恐龙化石点,产出恐龙化石标本200多件,被整理记述的标本已达50件,包括8个科、14个属、17个种,其中大部分为新属新种。

自贡地区埋藏恐龙化石的地层为中生代侏罗系。侏罗系地层厚度大,分布广,蕴藏的恐龙化石及其他脊椎动物化石十分丰富。侏罗系在自贡地区出露有上统蓬莱镇组、遂宁组、上沙溪庙组,中统下沙溪庙组,中—下统自流井组和下统珍珠冲组。在地史上的侏罗纪时期,自贡地区气候炎热,河湖交错,植物茂繁,古树参天,在这里曾经出现过三个相关而又具有明显不同特征的恐龙动物群,即早侏罗世的禄丰蜥龙动物群、中侏罗世的蜀龙动物群(大山铺恐龙动物群)及晚侏罗世的马门溪龙动物群。

自贡恐龙化石的最早科学记录为1915年前后美国地质学家乔治.D.劳德伯克在荣县采得的一枚牙齿和一段残破的股骨。这也是四川盆地恐龙化石的最早科学记录。此后,恐龙化石在自贡地区时有发现,但由于旧中国科学技术落后,这些化石得不到充分地保护和利用,更谈不上系统地采集与研究。所以,至1949年新中国成立前的30多年间,被科学记述的自贡恐龙化石仅有1个属种,即我国古生物学家杨钟健于1936年在荣县采得的1具荣县峨眉龙。

新中国成立后，自贡地区的古生物化石的保护与利用工作得到党和政府的高度重视与支持。进入20世纪80年代以后，随着大山铺恐龙化石的大量出土，成果日益显著，很快引起了社会各界的关注，特别是从中央到地方的高度重视，加强领导，多次深入发掘现场，调查研究，实地解决在发掘、科研和建馆中的重大问题，为全面开发利用自贡恐龙化石资源提供了极为有利的条件。

自贡市人民政府先后责成市文教局和市盐业历史博物馆负责管理全市的古生物化石。他们及时清理各工程建设中发现的化石标本，并利用这些标本举办展览，向广大人民群众宣传、普及古生物化石知识，从而提高了群众对古生物化石科学价值的认识，激发了群众保护和报送古生物化石的积极性，推动了该市古生物事业的发展。

1974年，根据群众提供的线索，自贡市盐业历史博物馆协助重庆市博物馆古生物野外工作组，在该市伍家坝采集到100余箱，共10多个个体的恐龙化石。经中国科学院古脊椎动物与古人类研究所和重庆市博物馆古生物专业科技人员的系统整理和研究，共鉴定出4个属种。其中，多棘沱江龙被公认为亚洲地区的第一具完整剑龙骨架标本，对研究剑龙的起源具有重要的科学价值。从此，自贡恐龙名播中外，自贡亦随之成为我国重要的恐龙化石产地。群众报送化石的热情进一步高涨，截至20世纪70年代末，全市发现的恐龙化石点就达32个。

20世纪70年代末至80年代初，大山铺恐龙化石点的大规模发掘与研究，把自贡恐龙化石的保护、研究与利用工作推向了一个新阶段，成为我国恐龙化石发掘研究史上的一个新的里程碑。

大山铺化石点是一个以恐龙为主的脊椎动物化石埋藏地，埋藏时代为中侏罗世。埋藏数量之丰富，门类之多，保存之完好，世界各大洲相同时代的产地是无与伦比的。

自贡地区从1915年第一次发现恐龙化石至1990年8月，就发现了各类古生物化石点共120处。其中，荣县26处，富顺县10处，自流井区8处，大安

区57处，贡井区4处，沿滩区15处。

在120处古生物化石点中，恐龙化石点94处，占总数的78.33%；硅化木12处，占总数的10%；龟化石7处，占总数的5.83%；鱼化石点6处，占总数的5%，鳄鱼化石点1处，占总数的0.83%。

在这些化石点中，1915—1949年发现7处，占总数的5.88%。1915年8月30日，美国地质学家劳德伯克在荣县、威远一带做地质调查时，在荣县城的东南（约3千米）沙岩中发现1枚恐龙牙齿和1段股骨化石；1936年，中国著名古脊椎动物学家杨钟健和美国古生物学家甘颇在荣县县城东的西瓜山发现恐龙化石；1937年，四川大学生物学教授周晓和等在荣县城东的西瓜山上再次发现恐龙化石；1943年，在荣县公园修建"中正台"时，发现恐龙化石；1946年5月13日，富顺县富西中学教师熊楚在沿滩庸公闸发现1枚恐龙牙齿化石。

新中国成立后，自贡地区在1950—1960年，共发现化石点3处，占总数的2.52%。1958年，在自流井区修建玻璃厂时，发现恐龙尾椎和肋骨化石；1959年，修建自流井至张家坝铁路支线时，在省建筑一公司子弟校山下发现恐龙化石；1960年冬，自流井区济公寺大德井发现1具距今1.5亿年前的鱼化石，十分完整；1969年，成都地质学院教授罗岚对这具鱼化石进行鉴定，属鳞齿鱼类，这是自贡地区首次发现完整的鱼化石。

20世纪70年代以后，随着国家建设事业的发展，被发现化石点逐步增多。1970—1979年，共发现化石点26处，占总数的21.84%。其中具有重要科学价值的化石点5处，即1972年1月，省建筑公司一位不知名的石工在自流井区伍家坝发现化石点；1972年8月，地质部第二地质大队黄建国等人，在大安区大山铺发现化石点；1972年12月，在自贡市天然气化工研究所的基建施工中，发现的自流井金子凼化石点；1979年5月，市盐业历史博物馆郭运林、皮孝忠2人，在大安区凉水井片石厂发现"巨型禄丰龙"的下颌骨和部分肢骨化石；同年，四川省航调二分队在荣县度新乡黄桷树小学屋后发现拾遗工部龙的2枚牙齿化石。

在20世纪80年代和90年代中，自贡地区又发现古生物化石点81处，占总数的67.23%。其中1983年6月，在自贡高山井附近的自流井组马鞍山段地层中，首次发现蜥脚类恐龙化石。1983年9月30日，在大安区爱和乡凉水井附近的长山岭采石场发现两株硅化木，这是自贡地区发现的最大、最完整的硅化木化石。1985年2月16日，在沿滩区仲权乡银河村四组发现1具在肩带处附有两块逗号状特殊骨骼的、完整的剑龙化石；1985年2月，大安区和平乡田湾村村民何鸽银、王富成在田湾村3组发现1具体长约8米的大型肉食性恐龙化石，保存完整。

1988年12月，大安区新民乡九井坝村四组村民宋仁发，发现1具大型蜥脚类恐龙化石，保存亦相当完整。

自贡恐龙的最初发现要追溯到1915年。这一年的8月30日，美国地质学家劳德伯克在荣县采得一段大腿骨和一颗残破不全的牙齿化石，后经美国古生物学家甘颇教授1935年鉴定为巨型肉食龙。劳氏的这一重大发现，从此打开了自贡恐龙化石宝藏的大门。这也是四川盆地恐龙的最早发现。

美国人劳德伯克的发现，引起了中外古生物学家的极大关注和浓厚兴趣，其中包括我国古脊椎动物学的奠基者、著名的古脊椎学家杨钟键教授。1936年，他和甘颇教授一同在荣县城东西瓜山发掘出一具大型蜥脚类恐龙骨架，经杨钟键教授研究命名为荣县峨眉龙。这不仅是自贡地区发现的第一具较完整的恐龙骨架，也是自贡地区最早被科学命名的恐龙化石。

20世纪30年代至60年代，只零星发现一些恐龙化石，在四川盆地中被记述的恐龙仅有5个属种。

化石：生命演化的传奇

1972年3月，国家地质总局第七普查大队地质工程师黄建国，在大山铺万年灯发现恐龙尾椎化石，这一发现拉开了这个举世闻名的恐龙化石群的发现和研究的序幕。

1977年10月，中国科学院古脊椎动物与古人类研究所和重庆自然博物馆联合举办的"四川省保护古脊椎动物与古人类化石培训班"，组织学员首次对大山铺恐龙化石点进行试掘，采集到一具较大型的蜥脚类恐龙骨架和一些零星骨骼化石。

1979年5月至1981年7月，中国科学院古脊椎动物与古人类研究所、重庆自然博物馆和自贡市盐业历史博物馆先后对化石进行了大规模的清理和发掘，共获得化石200余箱。至此，大山铺这个庞大的恐龙化石群遗址初步揭晓。

1983年底至1984年中，自贡恐龙博物馆筹建领导小组组织科研发掘队，配合自贡恐龙博物馆的基础建设工程，继续对大山铺恐龙化石群进行了发掘和清理，再获20余个恐龙及其他脊椎动物个体的化石材料。

1985年，在和平乡发现的和平永川龙是目前亚洲发现的保存最完整的大型肉食性恐龙。同年在仲权发现的保存完整的剑龙——四川巨棘龙骨架，其保存的特殊的肩棘骨骼和我国首例恐龙类皮肤化石都是化石中的珍品，对研究剑龙类的骨骼结构和表皮特征具有特殊意义。

1989年在新民发现的大型蜥脚类——杨氏马门溪龙和1995年在汇东发现的另一大型蜥脚类恐龙对研究蜥脚类恐龙的演化关系具有重要的科学价值。

1995年根据当地村民提供的线索，在荣县复兴乡发现了与大山铺恐龙化石群同时代的恐龙化石埋藏群，经过勘察和两次试掘，探明其埋藏范围在1平方千米以上，其丰富的化石材料对大山铺恐龙化石群的研究是一个重要的补充。

桃子林恐龙化石点

1975年3月，自贡市盐业历史博物馆根据红旗乡村民提供的信息，在自贡市科委的支持下，决定对红旗乡会溪四组桃子林化石点进行试掘。市科委提供300元发掘费，市盐业历史博物馆派出郭运林、罗益章2人负责这次试掘工作。自3月28日起至4月12日止，历时半个月，发掘出蜥脚类恐龙颈椎1个、尾椎3个、肋骨数根、肱骨1根、耻骨1对。化石埋藏于上侏罗纪上沙溪庙组紫红色泥岩中，时代为晚侏罗世。

大山铺恐龙化石点

1972年发现大山铺恐龙化石点时，即采到蜥脚类恐龙股骨1根，尾椎3个。1975年9月，地质古生物学家、中国科学院古脊椎动物与古人类研究所（以下简称古脊椎所）所长杨钟健到大山铺恐龙化石点视察，认为这个点的层位很重要，建议适当的时候组织力量发掘。根据这一建议，四川省保护古脊椎动物与古人类化石训练班组织学员于1977年10月16—22日到大山铺进行试掘，采集到1具较完整的蜥脚类恐龙和一些零星骨骼化石。1979年12月，古脊椎所的董枝明、重庆博物馆的周世武等为中英合作发掘恐龙化石选点，经威远转道自贡，在自贡市盐业历史博物馆的皮孝忠、宗建陪同下，于23日前往大山铺化石点察看，发现四川省石油管理局川西南矿区综合队在该地修建停车场时，已暴露出大批恐龙化石，为抢救这个点的化石，市盐业历史博物馆与矿区施工队联系后，及时雇请4位民工进行清理。仅7天时间，收集到化石40余箱，为6~7吨重。这批化石，后由市盐业历史博物馆协助运往北京古脊椎所。

化石的大批暴露，引起了省、市人民政府和有关单位的重视。1980年9月，中科院古脊椎所党委书记吴农，专程到自贡与川西南矿区商谈停建清理化

石事宜，随后，自贡市人民政府又与川西南矿区领导取得联系，决定暂缓施工，并组织力量对该化石点进行发掘和清理。1980年1月至1984年6月，先后有5个单位在这里进行发掘和清理。

1980年1—4月，重庆博物馆派周世武、朱松林、陈伟等人进行发掘工作。共采得化石3卡车，其中有完整的剑龙头骨1个，较完好的剑龙腰带2个及5个蜥脚类恐龙个体的材料和1个蜥脚恐龙头骨、3个龟化石等，这些化石全部运往重庆博物馆。

1980年5月，中国科学院古脊椎所与自贡市盐业历史博物馆合作发掘。古脊椎所参加发掘的人员有董枝明、唐治路、张国斌，盐业历史博物馆参加的有郭运林、皮孝忠、宗建、谢奇等。到12月底，共采得各类化石143箱。其中包括1个完整的剑龙头骨，1个鸟脚类头骨，10余个恐龙个体材料（其中5具比较完整），50多枚恐龙牙齿、5个龟化石和其他化石材料。这些化石除88箱存放在自贡恐龙博物馆外，其余均运往北京古脊椎所。

1981年1月，自贡市盐业历史博物馆派皮孝忠、舒纯康、郭运林等人进行发掘。到6月共采得各类化石个体10余具，其中两具完整的蜥脚类恐龙，1件完好的峨眉龙下颌，1件珍贵的翼龙头骨，2个龟化石。这批化石后移交自贡恐龙博物馆。

1981年6月2日，四川省人民政府办公厅发出《关于勘察、发掘、保护自贡大山铺恐龙化石群的通知》，决定成立四川省自贡大山铺恐龙化石群发掘队，对大山铺恐龙化石点进行统一的勘察、发掘、整理和研究。6月21—25日，四川省文物管理委员会、成都地质学院、重庆博物馆、自贡市文化局和市盐业历史博物馆的代表在市盐业历史博物馆举行了第一次会议，商定组织省发掘队。会议决定省文管会办公室主任杨森桂任队长，成都地质学院副教授何信禄、重

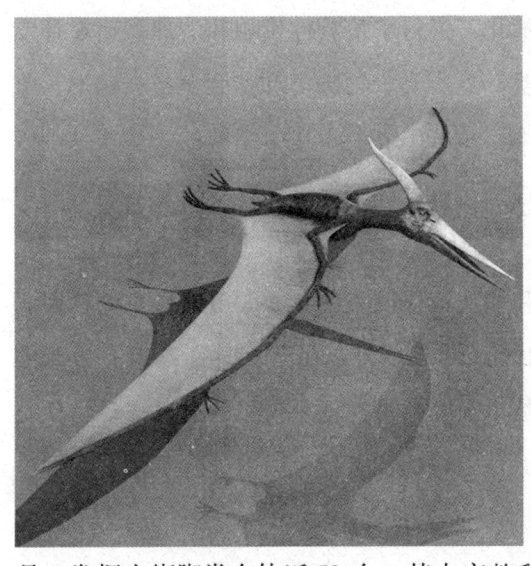

庆博物馆副馆长方其仁和自贡市文化局副局长蒙德铨任副队长。省文化厅拨发掘经费3万元。重庆博物馆负责现场发掘技术指导；成都地质学院负责科研工作，自贡市盐业历史博物馆负责发掘的后勤工作。发掘工作在省文化厅、省科委的直接领导下和自贡市人民政府及有关单位的密切配合下，于7月1日进入现场正式发掘，至1982年10月，发掘出蜥脚类个体近50个，其中完整和比较完整的骨架10余具，完整的头骨2个，鸟脚类个体约7个，其中相当完整的骨架1具（含头骨）；剑龙个体约8个，其中连头骨与头后骨骼较完整的骨架1具；兽脚类个体约4个；鱼类、龟鳖类、蛇颈龙类和三列齿兽类等与恐龙共生的动物化石20余件。这批化石全部移交自贡恐龙博物馆。

1983年10月，自贡恐龙博物馆筹建办公室。为即将动工修建的现场遗址博物馆提供准确的数据，了解大山铺恐龙化石群的埋藏范围，请地矿部第二地质大队、成都地质学院和筹建办公室的地质工程技术人员反复进行现场勘察，研究后决定在已有760平方米现场遗址的基础上，再向南发掘500平方米。11月8日，自贡恐龙博物馆筹建领导小组办公室组成的发掘队进入现场，开始进行发掘和清理。1984年4月，又配合修建主馆中央大厅、装架陈列

厅、埋藏厅的基础工程，对基础里的化石进行了抢救性发掘和清理，到6月发掘工作结束。发掘出蜥脚类、剑龙类、鸟脚类、兽脚类和蛇颈龙类、鳄类、龟鳖类、两栖类、三列齿兽类、鱼类等个体20余个。其中完整的蜥脚类头骨1个，十分完整的鸟脚类骨架1具。这些化石大部分保留在自贡恐龙博物馆的中央厅地下室和化石埋藏厅里。

通过4年半时间的发掘、清理和多次地质调查证实，大山铺恐龙化石埋藏面积约1.7万平方米，产出的地质时代为中侏罗世。在已发掘的2800平方米的范围内，出土了100个个体材料，是一个以蜥脚类恐龙为主的古脊椎动物化石群，具有数量丰富，化石门类多，保存完好的特点，为国内外恐龙化石发掘史上少见。

长山岭硅化木点

1983年9月30日，大安区爱和乡凉高山附近的长山岭采石场负责人邓长贵发现硅化木，并将这一发现报告了恐龙博物馆筹建领导小组办公室。经专业人员朱时达、郭运林、皮孝忠及时到现场察看，初步鉴定是1株大型硅化木，当即商定组织发掘，决定由陈明松负责现场发掘工作。至12月底，即发掘出两株大型硅化木。1株长23.2米，直径1.3米，有10个较大的分枝；另1株长13米，直径1.08米。在发掘期间，筹建办公室写了一则消息，分别在《自贡日报》《四川工人日报》作了报道。《四川日报》《光明日报》《化石》和《地球》杂志也作了转载，引起了各方面的关注。

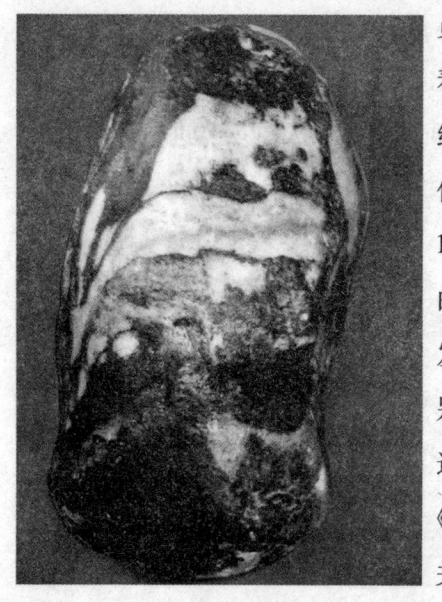

长山岭硅化木，产于距今1亿6千多万年前的中侏罗纪下沙溪庙组底部沙岩（原称凉高山沙岩）之中，为两株不同树种（可能属银杏或松杉类）、异地埋藏的大型硅木化石，从根部到树梢都保存完好，实属少见。

为了保护这两株大型硅化木，恐龙博物馆于1984年3月28日在现场修建了临时保护棚，并根据游人的要求，于同年10月1日对游人开放。1985年9月12日经自贡市人民政府批准为市级文物保护单位。

和平肉食性恐龙化石点

1985年2月27日，大安区和平乡田湾村农民王富民、何鸽银等人，在采石修建养鱼塘时，发现一部分恐龙尾椎化石，并报送到恐龙博物馆筹建办公室。办公室派黄大喜、皮孝忠等人及时赴现场调查核实，并从农民家中收集到一部分尾椎化石，其余部分还埋藏在岩石里。5月4日，筹建办公室组织6位民工，由黄大喜带领赶赴现场进行抢救性发掘。朱时达、高玉辉、尹纪川、舒纯康等人相继到现场参加发掘工作，余刚到现场拍照，并特邀自贡市盐业历史博物馆的周兰到现场录像。到4月19日发掘结束，获得1具十分完整的大型肉食性恐龙骨架，全长约8米，头骨长约1米。

这具肉食性恐龙埋藏在上侏罗纪上沙溪庙组的紫红色泥质沙岩中，时代为晚侏罗世。

化石：生命演化的传奇

震惊世界的伟大发现

1984年春节刚过，中国科学院南京地质古生物研究所的研究生侯先光来到他的导师张文堂教授的办公室，商谈选择研究生毕业论文的题材。按正常情况，张教授是著名的三叶虫专家，理应在三叶虫领域内选题，轻车熟路，不必花过多的精力。但他考虑到国内三叶虫的研究已有相当深度，不如寻找与三叶虫有关的其他化石作论文材料更有意思。两人在交谈的过程中，想到能否在高肌虫（或称金臂虫、古介形类）方面研究一下，因为这类化石出现于早寒武世到早奥陶世时期，短时间内，就在地球上绝灭了，而且是甲壳动物中的原始类型，对此后的各类壳动物的演化和发展可能有某种意义的联系，而这些问题，国内

外的学者至今尚未研究清楚，如果能将它的来龙去脉探索一番，也是对古生物科学的贡献。

　　研究的方向定下以后，如何实现呢？首先碰到的问题是到哪里去找化石材料？既然高肌虫出现于早寒武世，当然应找寻早寒武世地层比较发育的地区。以往对寒武纪地层及古地理的研究表明，云南东部，或者说昆明地区是我国海相寒武纪地层最先出现的地方。也就是说，当三叶虫尚未兴起的时候，一类所谓"小壳动物群"在滇东一带广泛分布了。如果能在"小壳动物群"的层位附近寻找到这类原始甲壳动物化石是最有意思的。师生商定先去昆明地区。

　　在昆明的西南方向，晋宁和澄江是著名的磷矿产地。这些磷矿就是由"小壳动物群"构成的。所以，前往晋宁、澄江一带去找寻高肌虫化石应该是很有希望的。6月间，正当春残夏初之际，侯先光离开南京，奔赴昆明。

　　他到达目的地以后，详细地观察了"小壳动物群"之上的层位，即含始莱得利基虫和武定虫的三叶虫动物群之下的所谓筇竹寺组下部地层，估计在此可能找到理想中的高肌虫化石。于是，侯先光开始了艰苦的野外工作。

　　空旷的山野间，侯先光独自一人背着地质包搜索前进。虽然跋山涉水，不免精力疲惫；风餐露宿，不免饥寒交迫，但为了古生物教学、科研工作，情绪仍然高涨。黎明即起，爬上山头；披星戴月，回到住地，不管收获多少，他始终坚持工作。

　　7月1日，侯先光来到澄江的帽天山下，他想起在地质文献上曾经看到过，有一位地质学家在这里寻找磷矿时写过一篇地质勘查报告，提到这里的"页岩内含有某种低等动物化石"，这是什么化石？前人不曾认识它，如今我们能否寻找出来，好好地研究一番，说不定也是一项发现，或许是高肌虫？于是，他就在帽天山下先找寻页岩地层。很幸运，那天他很快便找到了页岩层位，用地质锤打下几块，劈开来检查，果然，就在劈开的新鲜面上暴露出一条从未见过的，颇似蠕虫状的化石。他当场惊呆了，因为一般蠕虫的身体非常柔软，没有硬壳，很难保存为化石，而眼前的标本十分清晰，不仅能看到虫体的分节现象，连虫体内的器官也隐约可辨。此类化石,过去在教科书上提到过,说是加拿大不列颠哥伦比亚中寒武世布尔吉斯页岩中有过报道,而眼前的标本,却在我国发现,这岂不是一次重大的突破?侯先光想到这些,兴奋极了,举起铁锤好像特别有劲,一连又劈开好几块页岩,多少又有新的发现。他意识到这些化石的价值远远超过高肌虫。

工作了一段时间,他采到不少化石,回到南京后,首先向他的导师汇报。张教授见到这批化石标本,也惊呆了,世界上有这么多又这么好的化石,平生还是第一次亲眼见到,而且产自云南澄江——祖国的大地上。他深知学术价值的宝贵,随即向侯先光表示,毕业论文的材料太丰富了,何止几篇论文,几十篇论文也写不完啊!而且研究的成果,肯定会轰动国际学术界。然后,张教授又向研究所领导作了汇报。英雄所见略同,研究所领导完全同意张教授的分析,并决定派陈均远教授等和侯先光一起组织一个专门研究小组前往澄江有计划地发掘。同时,向中国科学院领导写报告,要求调拨经费支持。院长看了报告以后,又向有关专家咨询,一致认为这是千载难逢的良机,很值得资助,于是在院长基金中拨出一笔资金。

1985年11月,张文堂与侯先光率先写出一篇《在亚洲大陆的发现》,向世人宣告澄江动物群的发现及其意义。一时间,国际古生物学界震动了。澄江发掘小组又顺利地工作了几年,采获到50 000块标本,经过一番研究,这个化石群的面貌也基本上弄清楚了,并且陆续发表了几十篇论文,有关专著也陆续出版。

1996年8月,6000多位来自各国的地质学家云集北京,举行第30届国际地质大会。大会将澄江动物群的面貌向国外友人展示,与会者无不拍手称赞,认为澄江是"地球上最早的古生物圣地",希望列入"联合国全球地质遗址名录"。

澄江动物群为何如此宝贵?

首先,大量本来身体柔软的动物化石,并且十分完整,据统计,澄江动物群中90%属于此类化石标本。例如，属于腔肠动物的水母化石，一般在岩层里最多只能保留一个近似圆形的皮膜印痕，而澄江动物群中的水母化石，除此之外，还保存有纤细的触手、细腻的环肌，甚至能隐约见到吞下的食物。

其次，澄江动物群中出现许多非常奇特的动物化石。比如一类蠕虫化石——微网虫，除整条的外形和分节的躯体外，还能见到表皮上有10对网状鳞片和软肢。又如火把虫，躯干前端的背部带有5对分节的触手，这一特征，几乎是古今蠕虫动物中绝无仅有的。

第三，在澄江动物群化石中见到了最早的脊索动物的祖先，把脊索动物出世的时间向前推移了1500万年。它就是云南虫，身体保存脊索，有鳃弧（鳃弓）和分节的肌肉构造。以往，类似的化石仅见于加拿大中寒武世的布尔吉斯页岩中，称为凯亚虫化石。

第四，完整的化石标本，纠正了过去的错误鉴定。例如，过去在加拿大中寒武世的布尔吉斯页岩中发现过一种奇虾的"脚"（螯肢）化石，被当做一种节肢动物的尾巴来描述；把奇虾的"嘴巴"化石，当做水母化石来研究，历时100多年，无人知晓。现在澄江动物群中找到了完整的奇虾化石，这是一条长达1米的肉食性节肢动物，将加拿大的"零件"化石与它对比之后，错误被纠正了，恢复了化石的原貌。

至于澄江动物群中的化石种类之多，更是罕见，据统计，从低等到高等，包括三叶虫、非三叶虫节肢动物、高肌虫、蠕形动物、海绵动物、内肛动物、环节动物、无铰腕足动物、软舌螺类、开腔骨类以及藻类，甚至脊索动物等，相当于20多个门类、80多个属级单元的生物化石类群，几乎所有现生动物门类都可在澄江动物群中发现它们的祖先类型。所以，古生物学家把寒武纪的生命演化称为大爆发时期，或大爆炸时期，具体的绝对年代应在5.3亿年前的早寒武世。这一时期的出现，先后经历几百万年，这对于漫长的46亿年的地球历史来说，只是"瞬间"而已——简直是突然的变化，新生物群好似突然到来！

这一突然的质变现象，给达尔文的理论作了极好的补充。因为达尔文在他的名著《物种起源》中认为生物的演化是渐进的，非常缓慢的，而澄江动物群提供的事实，恰好说明，演化也有突变。澄江动物群作为寒武纪大爆炸理论的重要支柱，揭示了进化的突发性和自发性。寒武纪大爆炸是生命进化历史中一个特殊时期，提供了最深层次模式选择的可能性，导致了脊索动物在内所有动物门或相当于门一级系统的形成和演化，其中一部分继续演化至今构成现代生物的多样性。